청소년 농부 학교

· + · 나를 찾아 떠나는 텃밭 여행 · + ·

청소년
농부
학교

김한수 김경윤 정화진 지음

창비

청소년 농부 학교에
오신 걸 환영합니다

어서 오세요. 청소년 농부 학교는 처음이죠? 농촌에서야 농사가 일상이지만, 도시에서는 농사짓는 일이 그리 흔하지는 않아요. 그래서 그런지 도시에 살다 보면 자연이 우리에게 얼마나 소중한 존재인지, 땅은 우리에게 얼마나 많은 것들을 선물하는지 모르고 살기 쉬워요. 그냥 깔끔하게 손질된 농작물을 구입해서 사용할 뿐, 그 농작물이 어떤 과정을 거쳐 생산되는지는 알기 어려우니까요.

농사는 초고속 사회에서 살고 있는 우리에게 인내하는 법을 가르쳐 주기도 해요. 생명을 키운다는 것은 생명이 저마다의 속도가 있다는 것을 인정하고 돌보는 것이며, 싹이 나고 자랄 때까지 기다려야 한다는 지혜를 배우는 거죠.

청소년 농부 학교에는 속성이 없어요. 그저 자연의 변화에 따라 봄, 여름, 가을, 겨울에 해야 할 일을 묵묵히 하는 거죠. 그러면서 모든 것은 심을 때와 자랄 때가 있고, 거둘 때가 있다는 단순하지만 단단한 삶의 원리도 배울 수 있어요.

청소년 농부 학교의 학생들은 등급으로 평가되지 않아요. 일을 잘하는 아이들은 저보다 조금 서툰 아이들을 도와주고, 서로가 서로를 보살피는 평등한 관계를 배울 뿐이에요. "자연과 더불어 배우고 즐긴다."라는 청소년 농부 학교의 구호에 걸맞게 우리는 텃밭에서 건강한 몸을 키우고, 좋은 생각을 가꾸며, 꿈꾸는 공동체를 이루고자 하는 거죠.

이제 여러분은 직접 농사를 지을 텃밭을 설계하고, 씨앗을 뿌리고, 수확한 농작물로 맛있는 음식도 만들어 먹을 거예요. 한 해 농사를 짓다 보면 쑥쑥 자라는 작물들처럼 여러분의 몸과 마음도 자연을 닮아 쑥쑥 자랄 테지요. 그 과정에서 여러분은 생명을 존중하는 태도를 배우고, 생태주의적인 관점으로 세상을 상상할 수 있는 특별한 능력을 갖게 될 거예요.

어때요, 상상만 해도 기분 좋은 일이지 않나요?

그럼 자연과 함께하는 청소년 농부 학교로 얼른 들어가 보시죠!

일러두기

- 이 책은 고양도시농업네트워크에서 운영한 청소년 농부 학교 1, 2기 학생들의 1년 생활을 바탕으로 쓰였습니다.
- 24절기 가운데 농한기를 제외한 17개의 절기를 중심으로 차례를 구성하였습니다.
- 각 장에서 소개하고 있는 레시피는 청소년 농부 학교의 학생 수를 기준으로 하여 15인분으로 구성하였습니다.

1
시작하는
봄에는
밭을 만들자

춘분
春分

춘분(3월 21일 무렵)은 낮과 밤의 길이가 같아
지는 날인데요. 이 시기부터 본격적으로 농사가
시작됩니다. 오늘 우리는 감자와 콩을 심고, 우
리가 만든 밭에 세울 팻말을 만들 거예요. 그리
고 봄나물인 쑥으로 쑥개떡도 해 먹을 겁니다.

　얘들아, 안녕. 우린 지금 농사를 지으려고 텃밭에 나와 있어. 여기 모인 친구들 가운데 몇 명은 속으로 '귀찮게 농사 따위를 왜 짓지?' 하고 불평할 수 있어. '농사는 농부만 지으면 되는 거 아니야?' 하는 의구심을 가질 수도 있고 말야. 농사를 해 보지 않으면 누구나 그런 생각을 할 수 있어.

　그런데 농사를 손수 지어 보면 의외의 재미를 발견할 수 있단다. 평소에 노동을 해 보지 않았으니 힘은 엄청 들겠지만 그 이상의 보람과 즐거움을 느낄 수 있을 거야. 왜냐하면 농사는 생명을 키우는 일이기 때문이야. 너희들, 강아지 좋아하지? 농사도 강아지를 키우는 것과 똑같아. 내가 심은 작물이 무럭무럭 자라는 걸 보면 정말 행복하거든.

흙은 살아 있다

밭을 만들기 전에 다 함께 흙을 밟아 보자. 밟았을 때 폭신폭
신하고, 손으로 만졌을 때 몽글몽글한 흙이 살아 있는 흙이야.
살아 있는 흙은 냄새를 맡아 보면 상쾌한 냄새가 나지만, 죽은
흙은 콘크리트처럼 딱딱하고 불쾌한 냄새가 나. 여기 이 흙처
럼 살아서 숨 쉬는 흙 속에는 다양한 벌레들이 살고 있단다.

너희들, 밭에 검은색 비닐을 씌워 놓은 것을 본 적 있니?
그걸 멀칭mulching이라고 하는데 풀이 자라지 못하게 하고, 흙
의 수분을 유지하기 위해 쓰는 방법이야. 그런데 비닐을 사용
하면 공기가 잘 통하지 않아서 흙이 숨을 쉴 수가 없어. 그래
서 비닐을 덮은 흙은 결국 죽을 수밖에 없는 거야. 비닐뿐만
아니라 화학 농약이나 화학 비료를 사용해도 마찬가지야. 처
음에는 작물이 잘 자라는 것 같지만 땅은 점점 힘을 잃다가
나중에는 황폐해지고 말아.

그래서 비닐과 화학 농약, 화학 비료를 아예 사용하지 않고
농사를 지었더니 이듬해부터 지렁이가 나타나기 시작했어. 처
음에는 눈에 잘 보이지 않을 정도로 작은 실지렁이였는데 다
음 해에는 뱀처럼 커졌어. 그리고 다양한 애벌레들도 나타났

지. 그때부터 흙 색깔이 눈에 띄게 좋아지기 시작했어. 벌레들이 많아지니까 거미도 엄청 늘어났고, 나중에는 땅강아지와 풍뎅이, 메뚜기도 찾아왔어. 흙을 밟아 보니 솜이불을 밟을 때처럼 부드러운 흙의 숨결이 느껴졌어. 그리고는 어떤 일이 일어났는지 아니? 뱀이 나타난 거야. 동시에 도마뱀과 족제비도 다니기 시작했어. 그리고 마지막엔 두더지가 굴을 파고 다녔지. 흙이 살아난 거야.

밭을 만들어 보자

본격적으로 밭을 만들기 위해서는 퇴비부터 뿌려야 해. 보통 퇴비에서는 똥 냄새가 난다고 생각하는데 발효가 잘 안 된 퇴비에서는 고약한 냄새가 나지만 발효가 잘 된 퇴비에서는 굉장히 구수한 냄새가 나. 다들 삽으로 퇴비를 퍼서 골고루 뿌려 볼까? 퇴비를 다 뿌렸으면 쇠스랑으로 흙을 뒤집고 쇠갈퀴로 두둑을 평평하게 펴 주자.

세상에는 자신의 손으로 직접 해 보면 생각보다 쉬운 일들이 참 많아. 농사도 마찬가지야. 방법만 알면 누구나 손쉽게 농사를 즐길 수 있어. 흔히들 농사를 거창한 것으로 생각하는데 조그만 화분에 강낭콩 하나만 심어도 농사를 지은 거야. 밭을 만드는 건 정말 힘든 일이지만 그만큼 성취감도 크단다.

씨감자를 심자

감자는 그 자체가 씨앗이야. 감자 표면을 자세히 들여다보면 움푹움푹 들어간 곳이 있지? 이게 바로 씨눈인데 여기에서 싹이 나오는 거야. 감자를 자르지 않고 그냥 심어도 되지만 그건 낭비야. 그리고 감자를 통째로 심으면 싹이 너무 많이 나와서 나중에 솎아 줄 때 애를 먹어. 그래서 씨감자는 삶은 달걀 절반 크기로 자르는 게 좋아. 대신 감자를 자를 때는 씨눈이 골고루 나뉠 수 있도록 잘 살펴 가면서 잘라야 해.

감자를 다 잘랐으면 재를 골고루 묻혀 주자. 감자는 하나하나가 다 씨앗인데 우리가 칼로 잘랐으니 상처를 입은 상태거든. 이때 재를 묻혀 주면 재가 세균이 침입하는 것을 막고 상처가 아물도록 돕는 연고 역할을 해 줘. 재는 감자가 화상을 입지 않도록 충분히 식힌 다음에 묻혀야 해.

이제 감자를 심을 두둑에 40cm 간격을 주고 두 줄로 골을 팔 건데 이때는 괭이나 호미를 사용하면 일이 아주 편해. 그리고 10cm 깊이로 골을 팔 거야. 씨감자 크기가 3cm 안팎이기 때문이지. 모든 씨앗은 씨앗 크기의 3배 깊이로 묻어 줘야 하거든. 골을 다 팠으면 25cm 간격으로 씨감자를 넣어 주자.

완두콩을 심자

콩은 우리가 살아가는 데 없어서는 안 되는 중요한 곡식 가운데 하나야. 콩이 없으면 된장이나 간장, 두부는 말할 것도 없고 콩나물도 먹을 수가 없어. 아마 기름도 부족하게 될걸.

그럼 이제 완두콩을 심어 볼까? 완두콩은 30cm 간격에 3cm 깊이로 구멍을 파서 세 알씩 묻어 주면 돼. 왜 콩을 세 알씩 심느냐고? 한 알은 땅속에 있는 생명체가, 한 알은 하늘을 나는 새가, 나머지 한 알은 심은 농부가 먹기 위해서야. 농사는 오직 사람만을 위해서 짓는 게 아니라는 의미지.

텃밭 팻말을 만들자

텃밭 농사를 지을 때 빼놓으면 섭섭한 것 가운데 하나가 팻말 만들기야. 자신만의 팻말을 만들어서 텃밭 입구에 세워 놓으면 자부심도 생기고 텃밭과 작물에 애착을 가질 수 있지.

팻말은 만들기도 정말 쉬워. 적당한 크기의 판자와 허리 높이의 각목만 있으면 돼. 재료를 준비했으면 각목 위쪽에 망치질을 해서 판자를 못으로 고정시켜. 각목 아래쪽은 톱으로 뾰족하게 잘라 주는데 톱이 없으면 호미로 구덩이를 파서 그냥 묻어 줘도 상관없어. 쓰러지지만 않으면 되니까.

팻말을 다 만들었으면 친구들끼리 아이디어를 모아서 크레파스로 팻말을 꾸미기만 하면 돼. 매직이나 색연필을 써도 되지만 그럴 경우 햇볕에 금방 색이 바래기 때문에 되도록이면 크레파스를 사용하는 게 좋아. 크레파스는 어지간해서는 색이 바래지 않거든. 팻말을 다 꾸민 다음에는 망치를 이용해서 땅에 박아 주면 돼. 어때, 간단하지?

쑥개떡을 만들어 먹자

첫날인데 모두들 애썼어. 출출하지? 텃밭에 있는 재료로 요리를 해 먹자. 뭐, 아무것도 없는 텃밭에 뭐가 있느냐고? 후훗, 그럴 줄 알았다. 자세히 봐 봐. 아무것도 없는 것 같지만 지금 텃밭에는 먹을 게 지천으로 널려 있어. 장난인 것 같지? 그럼 지금부터 텃밭에 가서 내 말이 사실인지 아닌지 자세히 들여다보자.

자, 여기 먹을 게 얼마나 많니? 풀밖에 없다니, 무슨 소리야. 황당하게 들리겠지만 바로 이 풀들이 정말 소중한 음식 재료야.

춘분을 전후해서 텃밭에는 굉장히 다양한 풀들이 자라나. 도시 사람들은 잡초라고 부르지만 그 풀들 하나하나가 다 나물이야. 도시 사람들은 날마다 시장이나 마트에서 나물을 사다 먹으면서도 텃밭에 나가면 그곳이 나물밭이라는 사실을 몰라. 마트에 진열되어 있는 것만 나물이라고 생각하는데 그 나물들은 농부들이 텃밭에서 정성스레 수확한 거야.

믿기지 않겠지만 겨울을 견딘 이 풀들은 우리 몸을 건강하게 만들어 주는 보약이야. "신께서는 누구나 건강하게 살 수 있도록 텃밭에 약국을 차려 놓으셨다."라는 서양 속담도 있어. 정 믿기 힘들면 집에 가서 인터넷으로 봄나물들의 효능을 검색해 봐. 아마 깜짝 놀랄걸. 텃밭 농사를 지을 때는 몇 가지 나물만 알아 두어도 입이 즐거워지는 호사를 누릴 수 있어.

텃밭에서 가장 흔하게 만날 수 있는 대표적인 봄나물은 쑥, 냉이, 명아주, 민들레, 망초 등이 있어. 봄나물들은 무쳐 먹어도 좋고, 국을 끓이거나 전으로 부쳐 먹어도 좋지. 특히 쑥은 쑥버무리나 쑥개떡으로 만들어 먹으면 아주 별미야. 그래서 청소년 농부 학교에서는 해마다 쑥버무리와 쑥개떡을 만들어 먹어. 떡은 전문가만 만들 수 있다고 생각하기 쉬운데 막상 만들어 보면 의외로 쉬워. 맛은 어떠냐고? 끝내주지. 그래서 쑥버무리를 먹고 나면 집에 가서 부모님께 만들어 드린다고 수업 끝난 뒤에 남아서 쑥을 캐는 아이들이 해마다 몇 명씩 있어.

농사 더하기+

◆ 농기구의 종류와 용도

호미
구멍을 파서 모종을 심거나 씨앗을 뿌릴 때 금을 긋는 용도로 쓰인다.

쇠스랑
땅을 파헤쳐 고를 때 쓰인다.

쇠갈퀴
덩이진 흙을 잘게 부수거나 두둑을 평평하게 만들 때 쓰인다. 풀이나 낙엽을 긁어 모을 때도 아주 유용하다.

괭이
좁고 뾰족해서 주로 골을 팔 때 쓰인다.

낫
풀을 벨 때 사용하면 아주 편리하다.

◆ 이랑의 구조

두둑
작물을 심는 곳이다. 두둑의 폭은 보통
90cm 안팎이 적당하고 높이는 20cm
정도가 좋다. 너무 높으면 가뭄에 취약
하고 너무 얕으면 물이 빠지기 어렵다.
두둑을 밟으면 새싹이 죽어 버리고 흙이
단단하게 다져져 작물이 자라기 힘들어
지니 주의한다.

이랑
밭의 두둑과 고랑을 합쳐서
이랑이라고 한다.

고랑
두둑과 두둑 사이에 길고 좁게 들어간 곳으
로 통로와 수로 역할을 한다. 고랑을 좁게
만들면 바람이 잘 통하지 않아서 병충해에
취약해지고, 사람이 지나다닐 때 작물의 가
지가 부러지기도 하니 폭은 50cm 이상으
로 만드는 것이 좋다.

◆ 텃밭에서 볼 수 있는 대표 나물

쑥

민들레

냉이

소리쟁이

망초

명아주

쑥개떡(15인분)

재료 반죽(멥쌀가루 12컵, 소금 2작은술, 물 12컵, 쑥 1kg), 참기름 5큰술, 소금 적당량

1 쑥은 줄기를 떼고 잎만 삶아 찬물에 헹구고 물기를 꼭 짠다. 곱게 체에 내린 멥쌀가루와 쑥을 한데 섞어 소금 간을 한다.

2 1에 뜨거운 물을 부어 가며 익반죽을 한다. 반죽은 오래 치대야 쫄깃하고 맛있다.

3 2를 지름 8cm 크기로 동글납작하게 모양을 만든다. 떡살을 이용해서 반죽에 문양을 찍거나 반죽 위에 좋아하는 콩을 준비해서 꽂아 주어도 좋다.

4 찜통에 물을 부은 뒤 면 보자기를 깔고 끓인다. 찜통에 김이 오르기 시작하면 반죽이 서로 닿지 않게 넣은 뒤 20분 동안 쪄서 불을 끄고 잠시 뜸을 들인다.

5 뚜껑을 열고 떡이 뜨거울 때 소금을 친 참기름을 바른다.

❀ 쑥이 제철일 때 한꺼번에 많이 삶아 한 번 먹을 만큼씩 나눠서 냉동실에 보관해 두면 먹고 싶을 때마다 쑥개떡을 만들어 먹을 수 있다.

첫 번째 농부 일기

도시에서 흙을 밟고
살아가야 하는 이유

도시와 농촌

도시에서 살다 보니까 흙과 친해지기가 쉽지 않지? 그런데 흙은 인간과 밀접한 관련이 있어. 인간을 영어로 휴먼human이라고 하는데 이 말의 기원은 흙을 뜻하는 '후무스humus'에서 왔단다.

인간은 오랫동안 농업 생활을 하며 지냈어. 흙 가까이에서 흙을 이용하며 살았지. 그래서 흙의 고마움을 항상 느낄 수 있었어. 그런데 산업화가 되면서 인간은 점점 흙과 멀어지고 생명과는 상관없는 인공적인 공간에서 살게 되었지. 그러면서 흙의 고마움을 잊게 된 거야.

농촌이 생산의 공간이라면 도시는 소비의 공간이라고 볼

수 있어. 도시에 살고 있는 우리들은 생산에서는 점점 멀어지고 소비에만 익숙해졌지. 너희들의 의식주 생활을 한번 떠올려 봐. 너희가 직접 생산한 것은 거의 없을 거야. 모두 시장이나 마트, 백화점에서 구입해서 사용하잖아.

이렇게 소비 활동에만 익숙해지다 보면 어느덧 생명을 가꾸는 생산 활동을 별것 아닌 것처럼 여기게 돼. 하지만 잘 생각해 봐. 생산하는 사람이 없으면 소비 자체가 불가능해. 그리고 우리가 먹는 생산물들은 모두 흙에서 나오고 흙에서 자라는 것들이야. 모두 살아 있는 생명이지. 우리는 이 생명들을 먹지 않고는 살 수가 없어. 그러니까 우리는 흙 없이는 하루도 살 수 없는 존재야. 비록 우리가 도시에서 살고 있지만 항상 흙에게 고마워하며 살아야 하는 이유가 여기에 있어.

생태적 도시 농업

이제 왜 도시에 살고 있는 우리가 농사를 배워야 하는지 이해가 되니? 그래. 첫 번째는 우리를 살리는 농산물을 키우는 농부들의 마음을 조금이라도 이해하기 위해서야. 더 근본적으로는 작게라도 직접 농사를 지어 보면서 소비만 하던 우리 삶의 방식에 대해 생각해 보기 위해서야. 남이 농사지어 준 것을 사 먹는 것이 아니라 우리가 열심히 키워서 직접 먹어 보는 거지. 생산의 즐거움을 맛보는 거야.

'로컬 푸드local food'라는 말 들어 봤지? 자신이 살고 있는 지역의 땅에서 지은 농산물을 말해. 로컬 푸드로 음식을 만들어 먹으면 건강에 큰 도움이 돼. 쉽게 얻을 수 있고, 신선한 재료로 만든 음식이니까. 그래서 '푸드 마일리지food mileage'라는 말도 나왔지. 푸드 마일리지란 먹을거리가 생산자의 손을 떠나 소비자의 식탁에 오르기까지 이동하는 거리를 뜻해. 먼 외국에서 생산된 농수산물이 우리 식탁에 오르려면 시간이 오래 걸릴 뿐만 아니라 신선도를 유지하기 위해서 방부제를 쓰거나 살충제를 뿌리는 등 여러 가지 인공적인 조치를 할 수밖에 없어. 이걸 계속 먹으면 우리 몸에 어떤 일이 벌어질지 생각해 봐.

그런데 우리가 직접 농사를 지은 농산물은 어떨까? 푸드 마일리지가 가장 짧고 가장 신선하지 않을까? 맞아. 하지만 푸드 마일리지가 짧다고 해서 항상 좋은 농산물은 아니야. 만약에 채소를 키우면서 화학 비료나 화학 살충제를 쓴다면 아무리 가까운 거리에서 농사를 짓는다고 해도 건강한 농산물을 얻을 수가 없어. 게다가 화학 비료나 화학 살충제는 흙 속에 살고 있는 수많은 생명체를 죽여 버리니 결국 흙을 살리는 게 아니라 흙을 죽이는 방법이지.

그래서 우리가 농사를 지을 때 절대로 하지 말아야 할 것이 있어. 바로 비닐과 농약, 화학 비료를 쓰지 않는 거야. 흙을 살리고 다른 생명과 더불어 건강하게 자라는 채소를 얻기 위해서지. 이렇게 흙의 생태를 생각하며 유기농법으로 지은 작물들은 온갖 화학 제품들을 넣고 키운 작물보다 훨씬 건강하고 맛도 좋아.

땅도 살리고, 작물도 살리고, 우리도 살리는 건강한 청소년 농부 학교에 온 것을 환영한다. 땅에게 항상 고마워하면서 자신이 땅에서 나왔다는 겸손한 마음으로 잘 지내보자.

2

맑은 하늘 아래

씨, 씨, 씨를

뿌리고

청명
清明

청명(4월 5일 무렵)은 맑고 밝은 봄날을 뜻해
요. 예전에는 청명에 날이 맑으면 그해에 풍년이
든다고 믿었어요. 청명을 맞아 우리는 오늘 텃밭
설계도를 그리고, 상추와 쑥갓 같은 잎채소 씨앗
을 뿌릴 거예요. 그리고 냉이와 달래를 수확해서
전을 해 먹을 겁니다.

　다들 잘 지냈니? 오랜만에 나왔으니 텃밭부터 한 바퀴 둘러보자. "작물은 농부의 발소리를 듣고 큰다."라는 말이 있어. 작물과 농부가 서로 대화를 나눈다는 뜻이야. 작물과 얼마나 대화를 잘 나누느냐에 따라서 작물의 성장 정도가 달라져. 우리는 식물들에게 감정이 없다고 착각하기 쉽지만 식물들도 우리처럼 보고 듣고 느껴. 정 못 믿겠으면 집에서 조그만 화분 두 개에 완두콩을 심어 봐. 그리고 볕이 잘 드는 베란다에 놓고서 하나는 열심히 말을 걸고 다른 하나는 못 본 척해 봐. 그리고 나중에 어떤 일이 벌어지는지 확인해 보면 깜짝 놀랄 거야.

그러니까 텃밭에 나올 때마다 애정을 갖고 작물이 하는 이야기에 귀를 기울이는 것이 중요해. 농사는 기술보다는 마음이거든. 어떤 마음가짐으로 돌보느냐에 따라서 작물의 맛도 영양도 달라진단다.

작물과 교감을 나누기 위해서는 그 작물의 특성을 이해하는 게 정말 중요해. 어떤 사람들은 작물의 특성을 무시하고 수확하고 싶은 욕심만 앞세우기도 하는데 그럼 작물이 다칠 수 있어.

한번은 이런 일이 있었어. 4월 중순에 모종 시장에 가면 온갖 모종이 다 나와 있는 것을 볼 수 있어. 원래 이때에는 상추 같은 잎채소 모종만 팔아야 해. 왜냐하면 4월에 토마토나 가지, 고추 같은 열매채소 모종을 심으면 서리가 내려서 죽을 수 있거든. 물론 아주 운 좋게 서리를 피해서 죽지 않는 경우도 있지만 서리는 5월 초까지 언제든지 내릴 수 있어. 그래서 밭에 일찍 내다 심은 모종은 그야말로 언제 죽을지 모르는 파리 목숨이야.

그런데도 사람들은 빨리 심어서 빨리 수확하고 싶은 욕심 때문에 4월 중순에 열매채소 모종을 사 오는 거야. 그래서 내가 말렸어. 지금 심으면 다 죽는다고. 그런데도 자기가 알아서 하겠다고 짜증을 내면서 기어이 모종을 심더라고. 아니나 다를까 닷새 뒤에 내린 된서리에 모종들이 떼죽음을 당했어.

얼마나 속이 상하던지 한숨을 푹푹 내쉬고 있는데 정작 모종을 죽인 사람들은 천연덕스러운 얼굴로 또 사다 심으면 된다고 아무렇지 않게 말하는 거야. 작물이 소중한 생명이라는 사실을 잘 모르는 거지.

텃밭 설계도를 그리자

지금부터 텃밭 설계도를 그려 보자. 농사짓는 데 설계도가 왜 필요하냐고? 왜냐하면 작물마다 심는 시기가 다 다르고 생육 특성도 서로 다르기 때문이야. 그러니 농사를 잘 짓기 위해서는 집 지을 때처럼 설계도를 그리면 좋아.

이제 무슨 작물을 언제, 어디에, 얼마만큼 심을지 미리 정해 보자. 예를 들면 상추 같은 잎채소는 너무 더울 때 심으면 꽃대가 금방 올라와서 수확할 수 있는 게 조금밖에 없고, 고추나 토마토 같은 열매채소는 너무 일찍 심으면 추워서 얼어 죽을 수 있어. 그리고 키 큰 작물 옆에 키 작은 작물을 심으면 햇볕을 제대로 쬐지 못해서 잘 자랄 수가 없어. 이럴 때에는 동서남북을 잘 따져서 키 큰 아이들은 북쪽에, 작은 아이들은 남쪽에 심는 게 좋아.

모종을 심을 때는 심는 시기 못지않게 모종 사이의 간격도 굉장히 중요해. 열매채소 모종들은 심을 때는 조그맣지만 나중에는 사람만큼 크게 자라거든. 그래서 40cm 이상 간격을 두고 심어야 해. 그런데도 사람들은 많이 심으면 많이 따 먹는 줄 알고 10cm 간격만 주고 다닥다닥 붙여 심기도 해. 한번 상상해 봐. 너희들이 한 방에서 50명, 100명이 모여 산다면 어떨지 말이야. 다닥다닥 붙여 심은 열매채소들은 2주만 지나도 서로 치여서 제대로 자라지 못해. 스트레스도 엄청 받아.

그래서 텃밭 설계도를 그리면 적잖은 도움을 받을 수 있어. 해가 어디에서 뜨고 어디로 지는지를 살펴보고, 작물별로 심는 시기를 기록하고, 간격은 얼마나 줄지를 다 적어 놓으면 농사가 얼마나 편하겠어.

그리고 텃밭 설계도를 그릴 때에는 자기가 싫어하는 작물도 배치하는 게 좋아. 농사를 지을 때는 되도록이면 다양한 작물을 키워 보는 게 좋거든. 그래야 작물별 특성을 폭넓게 이해할 수 있으니까.

북 ✕ 남

			청양고추 모종 5월 초 40cm	완두콩 파종 3월 하순 30cm	땅콩 파종 4월 하순 25cm	당근 파종 4월 초 10cm	청상추 파종 4월 초 20cm
참외 모종 5월 초 50cm	애호박 모종 5월 초 50cm	방울 토마토 모종 5월 초 50cm					
			풋고추 모종 5월 초 40cm	들깨 파종 4월 초 30cm	감자 파종 3월 하순 25cm	시금치 파종 4월 초 15cm	대파 모종 4월 초 20cm
옥수수 파종 4월 하순 30cm	오이 모종 5월 초 50cm	찰토마토 모종 5월 초 50cm					
			파프리카 모종 5월 초 40cm	가지 모종 5월 초 40cm	고구마 파종 5월 하 25cm	수박 모종 5월 초 1m	부추 모종 4월 중순 15cm

❀ 작물의 이름, 심는 방법, 심는 시기, 작물 사이의 간격 순으로 표기했다.

상추 씨앗을 뿌려 보자

오늘 우리는 꽃상추를 비롯해서 청상추, 양상추, 겨자, 당근, 시금치, 열무 씨앗을 뿌릴 거야. 씨앗이 정말 작지? 이 작은 씨앗에서 싹이 나오고 우리가 먹는 채소가 된다는 게 정말 신기하지 않니? 나는 지금도 씨앗이 흙을 뚫고 싹이 올라올 때마다 경이로움을 느껴. 모종을 사다가 심을 수도 있지만 농사짓는 즐거움을 제대로 느끼려면 씨앗을 뿌리는 게 좋아. 그래야 모든 과정을 온전히 지켜볼 수 있으니까. 자, 그럼 지금부터 씨앗을 뿌려 보자.

씨앗을 뿌리기 위해서는 두둑에 가로 15~20cm 간격으로 호미를 사용해서 얕게 골을 내 주어야 해. 어느 정도 깊이로 골을 내냐면 살짝 금을 긋는다는 기분으로 내면 돼. 저번에 감자와 완두콩 심을 때 모든 씨앗은 씨앗 크기의 세 배 깊이로 묻어 준다고 했던 거 기억나니? 그래서 감자는 10cm 깊이로 묻고 완두콩은 3cm 깊이로 묻었잖아. 그런데 잎채소 씨앗은 작다 보니 너무 깊이 묻으면 공기가 통하지 않아서 싹이 나오다가 썩어 버릴 수가 있어. 그러니까 아주 살짝 흙을 덮어 준다는 기분으로 얕게 묻어야 해.

두둑에 골을 다 냈으면 씨앗을 골에 성기게 뿌려 주면 되는데 5cm에 하나씩 떨어뜨린다는 기분으로 죽 뿌리는 거야. 이렇게 뿌리는 걸 '줄뿌림'이라고 해. 씨앗을 너무 촘촘하게 뿌리면 나중에 솎아 낼 때 굉장히 애를 먹어. 뽑으면서 새싹한테 굉장히 미안해지기도 하고 말이야.

어때, 해 보니까 쉽지? 이번에는 당근하고 양상추 씨앗을 뿌려 보자. 우리가 잎채소들은 줄뿌림을 했잖아. 하지만 당근하고 양상추는 '점뿌림'을 할 거야. 점뿌림은 일정한 간격을 두고 점을 찍듯이 손가락으로 두둑을 콕콕 찍어서 얕은 구멍을 낸 뒤 그곳에 씨앗을 넣어 주는 거야. 그리고 흙을 살짝 덮어 주는 거지. 점뿌림은 간격을 정해서 씨앗을 심었기 때문에 줄뿌림을 했을 때보다 솎아 내는 수고를 덜 수 있다는 장점이 있어. 다른 잎채소들과 달리 당근과 양상추는 제때제때 솎아 줘야 잘 자라거든. 제대로 솎아 주지 않으면 양상추가 동그랗게 모아지기는커녕 서로 들러붙어서 짓무르기 쉽고, 당근은 대여섯 개가 함께 자라면서 나중에는 손가락만한 것들만 수확하게 돼.

자, 다 했다. 여기서 질문 하나. 씨앗을 뿌린 뒤에는 물을 주는 게 좋을까, 안 주는 게 좋을까? 어른들도 이 질문을 받으면 엄청 헷갈려 해.

정답은 없어. 물론 물을 뿌려 주면 싹이 빨리 올라오겠지. 하지만 아주 가물지 않다면 물을 주지 않아도 싹이 올라오는데 큰 문제는 없어. 그리고 사람의 도움 없이 혼자 싹을 틔우기 때문에 더 강하게 자랄 수 있다는 장점이 있어. 씨앗을 뿌리고 물을 줄지 말지는 선택의 문제야.

음식물 쓰레기도 재활용할 수 있을까?

애들아, 이거 좀 볼래? 이건 바로 내가 집에서 나온 음식물 쓰레기로 만든 퇴비야. 냄새 한번 맡아 볼래? 어때, 구수하지? 음식물 쓰레기가 이렇게 훌륭한 퇴비로 탈바꿈하다니 정말 경이롭지 않니? 우리 집은 음식물 쓰레기로 퇴비를 만들기 시작하면서 음식물 쓰레기를 한 번도 버린 적이 없어. 그래서 우리 집에서는 음식물 쓰레기를 쓰레기라고 부르지 않고 퇴비 재료라고 불러. 난 농사짓는 모든 사람들이 음식물 쓰레기로 퇴비를 만들어 사용했으면 좋겠어. 다행히 음식물 쓰레기로 퇴비를 만들어 쓰는 도시 농부들이 점점 많아지고 있어.

언제 한번 함께 음식물 쓰레기 처리장에 가 보는 것도 좋겠다. 도시에서 하루에 얼마나 많은 음식물 쓰레기가 쏟아져 나오는지 보면 깜짝 놀랄걸. 음식물 쓰레기를 처리하려면 엄청나게 많은 비용이 들어. 환경도 심각하게 오염되지. 그래서 음식물 쓰레기 처리장에 견학을 가 보면 죄책감이 들기도 해.

그러니까 음식물 쓰레기로 퇴비를 만들어 쓰면 우리는 지구를 지키는 파수꾼이 되는 거야. 음식물 쓰레기로 퇴비를 만드는 방법은 정말 쉬워서 누구나 할 수 있어. 어때, 근사하지 않니? 그럼 내가 퇴비 만들 준비를 해 놓을 테니까 다들 집에 있는 음식물 쓰레기를 모아서 텃밭으로 가져오자.

흙을 살리는 파수꾼, 지렁이를 키워 보자

얘들아, 내친 김에 우리 지렁이도 키워 볼까? 음식물 쓰레기로 퇴비를 만들 때 지렁이도 함께 키우면 엄청 좋거든. 징그러운 지렁이를 왜 키우느냐고? 지금부터 알려 줄게.

지렁이라는 이름이 어떻게 생겼는지 아니? '지룡地龍', 즉 '땅속의 용'이라는 이름에서 파생되어 나온 단어가 지렁이야. 왜 지렁이를 땅속의 용이라고 부를까? 왜냐하면 지렁이는 토양의 건강을 지키는 파수꾼 역할을 하면서 새나 동물의 먹이도 되어 주기 때문이야. 만약 지렁이가 없었다면 인류는 지금보다 훨씬 힘겨운 삶을 살았을지도 몰라. 새나 다른 동물들도 마찬가지고.

전 세계 어디에나 있는 지렁이는 땅속 생물체 전체 무게의 80%를 차지할 정도로 어마어마한 개체 수를 자랑해. 종류도 엄청 다양해서 세계적으로 3,100여 종의 지렁이가 살고 있어. 오스트리아에 있는 어떤 지렁이는 3m도 넘게 자란대.

이렇게 많은 지렁이들이 땅속에서 무슨 일을 하는지 알면 너희들도 지렁이에게 엎드려 절을 하고 싶을 거야. 지렁이는 땅 위에 있는 낙엽이나 동물의 똥 같은 유기물을 땅속으로 가져가서 흙과 함께 먹어. 그러다 보니 지렁이가 많은 땅에는 엄청나게 많은 굴이 생기지. 그래서 그런 곳은 스펀지같이 폭신하고 부드럽게 느껴지는 거야. 즉 지렁이는 평생 쟁기로 밭을 갈면서 살아간다는 이야기지. 땅속의 농부라고나 할까.

그리고 지렁이가 만들어 놓은 굴은 빗물을 땅속 깊이 빨아들여 식물들이 수분을 충분히 흡수할 수 있도록 도와주고, 흙이 숨을 쉴 수 있도록 공기 통로가 되어 주기도 해. 그뿐인 줄 아니? 지렁이는 하루에 자기 몸무게만큼 먹이를 먹고 똥을 싸는데, 그걸 분변토라고 해. 그런데 이게 최고의 퇴비야. 너희들, 생각해 봐. 산은 거름을 주는 사람이 없어도 엄청나게 울창하잖아. 그게 지렁이 덕분이라면 믿을 수 있겠니?

그래서 우리도 지렁이를 키우면 좋겠어. 지렁이는 번식력이 엄청나서 1년이면 한 마리가 천 마리로 불어나. 우린 그런 지렁이를 음식물 거름통에도 넣어 주고, 밭에도 넣어 주는 거야. 그야말로 마당 쓸고 돈 줍는 일석이조의 혜택을 누리는 거지.

어때, 솔깃하지 않니? 그럼 지금부터 호미 하나씩 들고 밭

에 나가서 지렁이를 잡아 오자. 징그럽고 무섭다고? 차츰 적
응될 거야. 아마 나중에는 지렁이가 굉장히 예뻐 보일걸.

냉이달래전을 만들어 먹자

4월이 되면 참 많은 나물들이 땅 위로 올라오지만 내가 가
장 좋아하는 건 냉이하고 달래야. 냉이는 무쳐 먹어도 맛있고
데쳐서 초고추장에 찍어 먹어도 맛있어. 하지만 무엇보다 맛
있는 건 냉이와 바지락을 함께 넣고 보글보글 끓여 낸 된장국
이지.

달래는 송송 썰어서 양념장을 만들어 밥에 넣고 쓱쓱 비벼
먹으면 아으, 그냥 죽음이지. 그 밥을 김에 싸 먹어도 환상이
야. 물론 너희들 가운데는 달래를 싫어하는 친구가 있을 수도
있어. 하지만 그런 친구들도 걱정할 필요가 없어. 왜냐하면
우린 오늘 냉이달래전을 만들어 먹을 거거든. 달래 싫어하는
친구들도 속는 셈치고 딱 한 점만 먹어 봐. 그럼 생각이 완전
히 달라질걸. 난 지금까지 냉이달래전 싫어하는 친구를 한 명
도 보지 못했어.

자, 그럼 지금부터 냉이하고 달래를 캐 보자. 그렇게 서서
보면 냉이가 눈에 잘 띄지 않아. 이렇게 쪼그리고 앉아서 봐
야 냉이가 눈에 쏙쏙 들어오지. 와, 이건 정말 실하네. 그리고

저 옆을 한번 봐 봐. 저기 실파처럼 쭉쭉 뻗은 풀들 있지? 저게 바로 달래야. 저 달래들은 내가 3년 전에 씨앗을 뿌려서 키우고 있는 건데 계속 번지고 있어. 달래는 뿌리가 갈라지면서 번식을 하는데 조금 어려운 말로 '구근 번식'이라고 해.

냉이하고 달래는 쑥과 함께 우리 조상님들이 즐겨 먹었던 대표적인 봄나물이야. 너희들 다산 정약용 선생 알지? 그분의 둘째 아들인 정학유라는 분이 지은 〈농가월령가〉라는 가사가 있어. 거기에 보면 이런 대목이 나와.

산채는 일렀으니 들나물 캐어 먹세
고들빼기 씀바귀요 소루쟁이 물쑥이라
달래김치 냉잇국은 비위를 깨치나니
본초를 상고하여 약재를 캐 오리라

봄나물이 우리 몸에 얼마나 좋으면 약재를 캐 온다고 표현했을까. 그러니 봄에는 나물을 많이 먹는 게 좋아.

자, 그럼 캘 만큼 캤으니까 전을 부치러 가 볼까?

농사 더하기+

◆ 음식물 쓰레기로 퇴비 만드는 방법

준비물 뚜껑이 있는 큰 고무 통이나 항아리, 톱밥, 마른 낙엽, 신문지 부스러기, 음식물 발효제, EM 활성액

1 통 밑에 흙을 깔고 그 위에 음식물 쓰레기를 젖은 것과 마른 것을 섞어서 넣어 준다. 단, 젖은 쓰레기는 물로 헹궈서 염분을 제거해야 한다. 물기가 많은 과일 껍질 등은 조금이라도 말려서 넣어 주는 것이 좋다.

2 1 위에 음식물 발효제를 솔솔 뿌려 준 뒤 EM 활성액을 스프레이로 두세 번 뿌려 준다. 그러면 발효 과정이 빨라져서 역겨운 냄새 없이 일찍 거름을 만들 수 있다.

3 2 위에 톱밥이나 마른 낙엽을 얇게 덮어 준다. 이렇게 하면 음식물 발효 과정에서 나오는 물기를 흡수할 수도 있고, 탄소 성분을 보충해 줘서 거름의 영양비를 맞출 수 있다.

4 파리나 쥐가 꼬이는 것을 막기 위해 뚜껑을 꼭 덮어 준다.

5 통 속의 음식물이 발효되는 동안(약 7~10일 정도) 통의 80%가 찰 때까지 **1~4**의 과정을 반복한다.

◆ 지렁이로 거름 만드는 방법

준비물	스티로폼 상자(되도록 큰 것), 마른 낙엽, 흙, 종이컵, 과일 껍질이나 음식물 찌꺼기

1 화단이나 뒤뜰, 밭과 같이 습기가 많은 땅에서 지렁이를 채집한다. 지렁이를 채집하기 어려우면 낚시 가게나 인터넷에서 구입한다.

2 스티로폼 상자에 썩거나 마른 낙엽을 깔아 준다.

3 2 위에 촉촉한 흙을 충분히 두껍게 깔아 지렁이가 살기에 좋은 환경을 만들어 준다.

4 지렁이를 넣고 그 위에 흙을 살짝 덮어 준다. 지렁이들은 처음에는 한곳에 뭉쳐 있다가 하루 이틀 지나면 모두 흙 속으로 흩어진다.

5 먹이로 과일 껍질이나 염분을 제거한 음식물 찌꺼기를 넣은 뒤 흙으로 덮어 준다.

6 습기를 유지하기 위해 반으로 자른 종이컵을 사육 상자 모서리에 놓고 덮개를 덮어 준다. 덮개에는 공기가 통할 수 있도록 송곳으로 구멍을 몇 개 뚫어 준다.

7 하루 이틀 만에 음식물은 사라지고, 지렁이들이 싼 똥은 최고의 퇴비가 된다. 이렇게 만들어진 분변토는 음식물 쓰레기로 만든 퇴비와 섞어서 써도 좋다.

◆ 씨를 뿌리는 방법

줄뿌림   점뿌림

◆ 다양한 농사 방법

• 섞어짓기
재배 기간이 비슷한 작물들이 서로 도움을 주고받을 수 있도록 같은 밭에 심는 걸 말한다. 예를 들면 토마토 아래에 대파를 심을 수 있다. 토마토와 대파는 뿌리를 통해서 영양분을 주고받는 공생 관계이고 대파의 향이 토마토의 벌레 피해를 어느 정도 막아 줄 수 있다.

• 사이짓기
한 작물 사이에 다른 작물을 한정된 기간 동안 심는 걸 말한다. 보통 재배 기간이 다르거나 수확기가 다른 작물을 많이 심는데 이를 테면 고추나 토마토밭에 시금치와 열무를 심어서 함께 키우는 것이다. 텃밭 한 평을 두 평처럼 쓸 수 있다는 장점이 있지만 한정된 공간에 두 가지 작물을 심기 때문에 한 작물을 수확한 다음에는 거름을 주어야 한다.

• 돌려짓기
같은 자리에서 같은 작물을 계속 키우지 않고 자리를 옮겨 가며 심는 걸 말한다. 예를 들어 고추, 가지, 토마토는 해마다 같은 자리에 심으면 작물에 심각한 피해를 입을 수 있기 때문에 이듬해에는 자리를 바꿔서 심는 게 좋다.

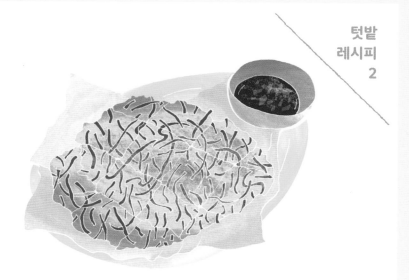

텃밭
레시피
2

냉이달래전(15인분)

재료 달래 300g, 냉이 1kg, 부침 가루 1kg, 튀김 가루 1kg, 달걀 3개, 물, 식용유 1병, 양념간장
(간장 2컵, 고춧가루 1큰술, 깨소금 1큰술, 참기름 적당량)

1 달래와 냉이를 손질한 뒤 뿌리 부분에 묻은 흙이 완전히 없어질 때까지 씻어 낸
  다. 이때 30분 정도 물에 담가 두면 쉽게 손질할 수 있다. 알뿌리가 굵은 달래는
  칼등으로 살짝 두드려 준다.

2 손질한 달래는 4~5cm 크기로 자르고 냉이는 굵은 것에 한해서 뿌리째 2~3쪽으
  로 가른다.

3 볼이나 양푼에 부침 가루와 튀김 가루를 1 : 1 비율로 넣어 섞는다.

4 달걀 세 개를 깨서 넣는다.

5 물을 부어 가며 반죽물이 덩어리지지 않게 거품기로 잘 섞는다.

6 손질해 둔 달래와 냉이를 반죽에 넣고 버무린다.

7 달군 프라이팬에 식용유를 두르고 반죽을 올려 넓게 펴 준다. 앞뒤로 뒤집어 양
  쪽이 노릇하게 구워지면 양념간장에 찍어 먹는다.

✿ 양념간장에 달래를 잘게 잘라서 넣으면 더욱 맛있다.

두 번째 농부 일기

씨앗이
생명이다

생명의 탄생

약 46억 년 전에 지구가 탄생했어. 대규모의 지각 변동과 기후 변화가 있었지. 그리고 약 27억 년 전쯤 최초의 생명체가 출현해서 살았어. 원핵생물로 분류되는 이 최초의 생명체는 광합성을 통해 생명을 이어 갔단다. 식물의 조상이라고 할 수 있지. 광합성을 하는 원핵생물이 출현하면서 바다에 산소가 축적되고, 대기 중에 산소 농도가 증가하면서 최초의 단세포 진핵생물이 나타났어. 최초의 동물이 출현한 거야.

그 후로 고생대, 중생대, 신생대를 거치면서 식물, 어류, 육지 동물이 출현하고 번성했어. 그리고 신생대 말기인 약 400만 년 전에 지구에서 가장 막내인 인류의 조상이 출현했지.

인류의 조상은 원시 인류지만, 생명의 조상은 원핵생물로 분류되는 식물이야. 우리는 그들 덕분에 지구상에 출현하여 지금까지 생존할 수 있었어.

자, 이제 다시 씨앗을 살펴보자. 손톱보다 작은 씨앗이지만, 이 씨앗이 우리의 조상이야. 지구라는 초록별에서 우리와 함께 생명을 이어 가는 소중한 존재지. 이 씨앗은 인류보다 먼저 탄생해서 지금까지 생존해 온 거야. 상상해 봐. 이 씨앗의 조상은 인류가 탄생하기도 전에 태어나 밤하늘을 보았고, 비바람을 맞았을 것이며, 새들의 노랫소리와 뭇짐승들의 울음소리를 들었을 거야. 신비하지?

GMO, 새로운 생명의 탄생?

지구상에서 살고 있는 생명체들은 오랫동안 환경에 맞게 스스로를 변형시키면서 진화해 왔어. 그런데 현대에 와서는 과학자들이 생명의 신비를 탐구하면서 생명을 인위적으로 조작할 수 있게 된 거야. 이런 기술을 생명 공학이라고 해. 엄청 크고 오랫동안 보관할 수 있는 토마토나 강한 제초제에도 살아남는 콩 같은, 생명체의 유전자를 변형하거나 새로운 유전자를 넣어서 강제로 돌연변이 생명체를 만드는 거지. 이렇게 인간에 의해 만들어진 생명체를 '유전자 변형 생명체'라고 하고 영어 약자를 써서 GMOGenetically Modified Organism라고 불러.

사람들이 이 GMO 기술로 식물의 유전자만 변형하는 게 아니야. 황소만 한 돼지, 털 없는 닭, 엄청나게 큰 슈퍼 연어 등 다양한 동물들의 유전자도 변형하고 있어. 식량난을 해결하고, 인간의 편리를 위한다는 명목 아래 이렇게 인간은 다양한 생명체의 변종을 만들어 왔고 지금도 만들고 있어. 하지만 이렇게 유전자가 강제로 변형된 생명체가 생명체 전체에게 이로울까?

우선 인간만 하더라도 유전자가 변형된 식물이나 동물을 계속 먹으면 어떻게 될까? 아직까지도 GMO의 유해성에 관해 많은 논란이 제기되고 있어. 그래서 GMO로 만든 상품들은 반드시 포장지에 표시를 해야 돼. 한편 GMO는 세계적인 대기업이 독점적으로 생산하고 있기 때문에 식량 무기로도 사용될 수 있어. 사람들이 싸고 편리하다는 이유로 GMO만 먹는다면 어떻게 될까? 가난한 나라들은 농사지은 작물들을 팔 곳이 없어 더 힘들어지고, 세계적인 대기업만 배를 불리는 결과를 초래하지 않을까? 토종 생물들이 점차 사라지고 있는 것도 큰 문제야.

유전자 변형 생명체들에 대해서도 생각해 보자. 과연 이들은 행복할까? 가령 털 없는 닭의 입장에서 보자면 다른 닭들은 털이 다 있는데, 자신에게 털이 없다면 스트레스를 받지 않을까? 몸집이 두 배나 커진 연어는 비만으로 고생하지 않을까? 인간은 자신들의 편의를 위해서 생명체를 마음대로 조작하지만, 그렇게 조작된 생명체의 권리에 대해서는 전혀 신경 쓰지 않는 것 같아.

지구에는 수많은 생명체가 살고 있어. 그리고 서로가 서로에게 도움을 주며 살고 있지. 그 생명체들의 막내뻘인 인간은 생명체 전체를 생각하며 좀 더 겸손한 마음가짐으로 살았으면 좋겠어.

3

농사비를
기다리며
콩을 심자

곡우(4월 20일 무렵)에 비가 오면 풍년이 든다
는 속담이 있을 정도로 이 시기부터는 비가 정말
중요해요. 농부들은 이때 볍씨를 물에 담가 논농
사를 준비하지요. 우리는 오늘 땅콩, 옥수수, 콩
농사를 짓고, 풀로 천연 농약도 만들 겁니다. 그
리고 봄나물을 캐서 비빔밥을 해 먹을 거예요.

　애들아, 이리 와 봐. 저번에 우리가 뿌린 씨앗들이 막 싹을 내밀었어. 이게 꽃상추고 이건 청상추, 요게 양상추야. 양상추는 모양이 좀 다르지? 그리고 잎끝이 삐죽삐죽한 이건 겨자야. 떡잎이 넓적한 요건 열무고. 당근은 아직 안 올라왔네. 당근은 잎채소보다 싹이 한참 늦게 올라와. 우와, 감자 싹도 올라왔네. 저기 완두콩도 올라왔다.

　어때, 정말 예쁘지 않니? 난 새싹이 올라올 때마다 쪼그리고 앉아서 한참을 들여다보곤 해. 애들을 보고 있으면 얼마나 놀라운지 시간 가는 줄 몰라. 모종을 사다 심으면 이런 기쁨을 맛볼 수 없어. 애들이 얼마나 빨리 크는지 너희들은 밭에 나올 때마다 깜짝깜짝 놀랄 거야.

벌레가 열무를 다 갉아 먹었어요

왜들 그래, 무슨 일이야? 벌레가 열무와 겨자를 다 먹어 치웠다고? 다 먹어 치우긴 뭘 다 먹어 치웠다고 그래. 그냥 구멍 숭숭 뚫릴 정도로만 맛나게 식사를 하셨네. 잘 봐. 여기 2mm 정도 되는 풍뎅이처럼 반질반질한 녀석 있지? 이 녀석 이름은 벼룩잎벌레야.

벼룩잎벌레는 십자화과 식물을 아주 좋아해. 십자화과 식물이란 꽃잎 네 개가 십자가 모양을 하고 있는 식물을 말하는데 배추, 무, 겨자, 양배추, 브로콜리, 갓, 냉이 등이 여기에 속해. 요 녀석은 진딧물과 더불어 농부들을 가장 많이 괴롭히는 대표적인 해충이야. 그래서 농부들은 요 녀석이 나타나면 화학 농약을 써. 그런데 우리는 화학 농약을 사용하지 않기로 했잖아. 그럼 이럴 땐 어떻게 하는 게 좋을까? 그냥 포기하자고? 상상력을 한번 발휘해 봐. 답은 자연 속에 있어. 자연은 사람이 살아가는 데 필요한 모든 걸 품고 있어. 단지 우리가 그걸 모르고 있을 뿐이야.

지난 시간에 풀을 요리해서 먹었던 거 기억하지? 그 풀을 나물이라고 부른다는 것도 배웠고 말이야. 하지만 사람이 모든 풀을 다 먹을 수 있는 건 아니야. 자칫 잘못 먹으면 목숨을 잃을 수 있는 독초도 많이 있거든. 그건 사람뿐만 아니라 벌레도 마찬가지야. 풀 가운데는 벌레가 좋아하는 풀도 있지만 끔찍하게 싫어하는 풀도 있어. 그 이야기는 풀로 농약도 만들수 있다는 거지.

자, 저기를 봐 봐. 노란 꽃이 참 예쁘게 피어 있지? 저 풀은 우리 주변에 있는 아주 흔한 풀 가운데 하나인데, 이름은 애기똥풀이야. 줄기를 꺾으면 아기의 똥처럼 노란 진액이 나와서 붙여진 이름이지. 애기똥풀이 아니어도 농약을 만들 수 있는 풀들이 많아. 돼지감자나 담배로도 농약을 만들 수 있어. 은행 열매를 감싸고 있는 껍질이나 고추, 마늘, 식초, 우유로도 만들 수 있단다.

그럼 우리 지금부터 애기똥풀로 천연 농약을 만들어 볼까. 그런데 천연 농약을 사용하기 전에 한 가지만 약속하자. 벌레가 작물을 공격한다고 해서 너무 호들갑 떨지 않기. 사람들은 벌레가 채소를 먹으면 큰일이라도 난 것처럼 안절부절 못하는데 이때 우리는 의연할 필요가 있어. 식물은 벌레가 자신을 공격할 때 가만히 있지 않아. 뭔가를 하지. 바로 항균 물질을 내뿜는 거야. 우린 이걸 피톤치드phytoncide라고 불러. 식물들은 저마다 다른 향의 항균 물질을 내뿜는데 그게 그 식물

고유의 향을 결정하는 거야. 만약 벌레가 공격하지 않는다면 식물은 항균 물질을 내뿜을 일이 없고 따라서 향도 나지 않겠지. 그래서 농약으로 키운 채소들은 향이 나지 않는 거야.

그러니까 아무리 천연 농약이라도 사용할 땐 신중해야 해. 자연에는 해충도 있지만 익충도 많아. 천연 농약이든 화학 농약이든 농약은 모두에게 영향을 끼쳐. 식물은 항균 물질을 내뿜지 않게 되고, 그건 결국 우리 몸에도 영향을 미치겠지. 그러니까 우리는 농사를 지으면서 무엇이 모두에게 최선인지 항상 고민해야 해.

땅콩을 심자

자, 지금부터 땅콩을 심어 보자. 그런데 잠깐, 여기서 질문 하나. 땅콩은 어디에서 열릴까? 헷갈리지? 힌트를 줄게. 땅콩은 왜 땅콩이라는 이름이 붙었을지 생각해 봐. 빙고! 땅속에서 열리니까 그런 이름이 붙은 거야. 농사를 처음 짓는 사람들 가운데 땅콩이 어디에서 열리는지 헷갈려 하는 사람들이 의외로 많아. 어떤 사람들은 땅콩을 수확하러 와서 땅콩이 왜 보이지 않느냐고 묻기도 해. 더 재미있는 건 감자를 토마토처럼 가지에서 딴다고 해도 믿는 어른들이 있다는 거야. 경험해 보지 않았는데 어떻게 알겠어. 그래서 경험이 중요한 거야.

땅콩은 참 특이한 작물이야. 땅콩은 7월부터 꽃이 피는데 꽃이 지고 나면 거기에서 씨방 자루라고 부르는 가느다란 줄기처럼 생긴 자루가 흙 속으로 파고들어. 그리고 그 안에서 수정을 하고 꼬투리가 만들어지는 거야. 이때 꼬투리는 콩과 식물의 씨앗을 감싸는 껍질을 말해. 꼬투리는 땅속에서 직접 양분을 흡수하기 때문에 뿌리랑 같은 기능을 하는 것처럼 보이기도 하지. 땅콩은 이렇게 땅속에서 열리는 거야.

저번에 밭을 다 만들어 두었으니 오늘 일은 금방 끝나겠다. 그럼 지금부터 땅콩을 심어 볼까. 땅콩은 호미로 25cm 간격으로 구멍을 파서 세 알씩 묻어 주면 돼. 25cm 간격이 어느 정도인지 잘 모르겠으면 호미를 활용하면 돼. 모든 호미는 길이가 30cm거든. 그러니까 호미를 바닥에 대고 새끼손가락 길이만큼 빼 주면 딱 25cm가 되겠지.

왜 세 알씩 묻는지는 지난 시간에 설명했었지? 그렇지. 자연과 나눠 먹기 위해서야. 까치는 땅콩을 아주 좋아해. 그래서 시골에서 농사짓는 어르신들은 땅콩을 심을 때 까치가 어디선가 보고 있다는 말씀들을 하셔. 까치가 보통 똑똑한 게 아니라서 땅콩을 심을 때뿐만 아니라 수확 시기에도 구멍을 파서 잘 익은 땅콩을 쏙쏙 골라서 파먹어.

자, 그럼 각자 자기 몫의 땅콩을 가져가서 심어 보자. 어어,

너희 너무 깊이 심는 거 아냐? 씨앗은 씨앗 크기의 세 배 깊이로 묻는다고 했잖아. 땅콩도 똑같아. 땅콩 크기를 생각하면 깊이는 3~5cm 정도가 적당하겠지? 이야, 순식간에 끝났는데. 서당 개 3년이면 풍월을 읊는다고 이제 제법 농사꾼 티가 나네.

옥수수를 심자

그럼 내친 김에 옥수수 심으러 옆 이랑으로 가 볼까. 옥수수도 심는 요령은 땅콩과 똑같아. 다른 점은 간격을 40cm 이상 주고 넓게 심어야 한다는 거야. 왜 그럴까? 그렇지. 옥수수는 엄청 키가 크잖아. 그래서 넓은 공간이 필요해. 만약 땅콩을 심는 정도만 간격을 주면 옥수수가 자라면서 스트레스를 받고, 바람이 잘 통하지 않아서 병이 생길 수도 있어. 그러니까 농사를 지을 때는 항상 사람의 입장이 아니라 작물의 입장에서 생각하는 게 중요해.

옥수수는 거름이 많이 필요한 작물이야. 그래서 지난번에 밭을 만들 때 여기에는 거름을 조금 넉넉하게 넣었던 거야. 자, 이번에도 각자 알아서 심어 보자.

너희들이 옥수수를 심는 동안 재미있는 이야기 하나 해 줄까. 옥수수는 남미가 원산지인데 고대 마야 사람들의 주식이었어. 마야 신화에 따르면 창조의 신이 산과 들을 만든 뒤 가장 먼저 동물을 만들었대. 그런데 동물들이 창조주인 자신을 몰라보고 시끄럽게 울부짖기만 해서 화가 난 신은 동물들을 모조리 숲으로 쫓아 버렸어. 그러고 나서 신은 인간을 만들었대. 처음에는 진흙으로 인간을 빚었지만 마음에 들지 않았어. 나무로도 만들어 봤지만 역시 실패했지. 고민 끝에 신은 옥수수로 인간을 만들어 봤어. 옥수수 가루로 반죽해서 만든 인간은 말도 할 줄 알고, 아이도 낳아 번식을 했어. 게다가 자신을 만들어 준 신을 경배하는 것은 물론 신에게 제물도 바칠 줄 알아서 그제야 신은 비로소 만족을 했대. 옥수수로 만든 인간이 서양으로 치면 아담인 거지. 마야 문명의 창조 신화를 보면 옥수수가 마야 사람들에게 정말 중요한 곡식이었다는 것을 추측할 수 있어.

하지만 우리나라는 사정이 달랐어. 옥수수가 우리나라에 들어온 건 임진왜란 이후였는데 우리나라 사람들은 옥수수를 그냥 군것질거리로만 생각했어. 그래서 누가 밥 대신 옥수수를 먹었다고 하면 굉장히 불쌍하게 여겼지. 다산 정약용 선생도 열일곱 가지 작물의 가치를 따져 순위를 매겼는데 옥수수는 열일곱 번째였어. 우리나라에서는 그만큼 환영을 못 받은 거지. 지금도 그렇잖아. 옥수수는 그냥 심심할 때 먹는 간식이지 누가 배고파서 옥수수로 배를 채웠다고 말하면 사람들은 그 사람을 꽤나 불쌍하게 생각할걸.

콩을 키우면 할 수 있는 것들

너희들, 대부분 콩밥 싫어하지? 그래도 우린 오늘 콩을 심을 거야. 다들 표정이 왜 그래? 너희들이 잘 몰라서 그러는데 콩은 밭에서 나는 고기나 마찬가지야. 실제로 콩으로 고기도 만들기도 해. 먹어 본 사람은 알겠지만 진짜 고기하고 거의 맛이 똑같아. 그래도 밥에 넣는 건 싫지? 나도 어렸을 때는 밥에 있는 콩을 다 골라냈어. 이상하게 어렸을 때는 왜 그렇게 콩밥이 싫었는지 몰라.

하여간 우리는 콩밥을 해 먹으려고 콩을 심는 게 아니니까 안심해도 좋아. 오늘 우리가 심을 콩은 서리태라는 검은콩이야. 서리를 맞고 난 뒤에 수확한다고 해서 이름이 서리태란다. 이 콩을 수확해서 우리는 콩나물도 키우고 두부도 만들어 먹을 거야. 우리가 두부를 어떻게 만드느냐고? 염려 붙들어 매셔. 두부는 누구나 쉽게 만들 수 있으니까. 대부분의 사람들은 두부를 사서 먹어야 하는 줄 알지만 그렇지 않아. 옛날 사람들은 다들 집에서 두부를 만들어 먹었어. 그러니 너희들도 집에서 손쉽게 두부를 만들어 먹을 수 있어. 콩나물 키우는 것도 누워서 떡 먹기야.

자, 그럼 지금부터 콩을 심어 보자. 30cm 간격을 주고 세 알씩 묻어 주면 돼.

봄이 선물하는 보약, 봄나물비빔밥

다들 배고프지? 오늘은 인삼보다 더 몸에 좋은 봄나물을 수확해서 비빔밥을 해 먹을 거야. 몇몇 사람들은 봄나물들을 잡초라고 부르면서 하찮게 생각하지만 사실 봄나물은 그 자체로 보약이야. 혹독한 추위를 이기고 살아남은 봄나물들은 우리의 면역력을 높여 주는 영양소가 많거든.

그럼 지금부터 봄나물을 수확해 보자. 오늘 우리가 수확할 나물은 명아주하고 개망초야. 명아주와 개망초는 4월에 가장 흔하게 수확할 수 있는 봄나물이야.

명아주는 지금은 이렇게 어리지만 가을이 되면 나무처럼 크게 자라. 우리 조상님들은 다 자란 명아주 줄기로 지팡이를 만들었는데 이 지팡이를 '청려장'이라고 불렀어. 우리 조상님들은 청려장을 아주 좋아해서 부모님이 쉰 살이 되면 명아주 줄기로 청려장을 만들어 선물했대. 청려장을 짚고 다니면 중풍에 걸리지 않는다는 기록도 있어.

개망초는 일제 강점기 시절 일본이 우리나라에 철도를 건설할 때 사용한 철도 침목을 미국에서 수입해 올 때 함께 묻어 온 것으로 알려져 있어. 철도가 놓인 곳을 따라 흰색 꽃이 핀 것을 보고 사람들은 일본이 조선을 망하게 하려고 이 꽃의 씨를 뿌렸다고 해서 망국초라고 불렀고 나중에 개망초로 이름이 바뀌었어.

명아주와 개망초 나물은 꽤 맛있는데도 어디에서도 팔지 않아. 아마 너무 흔해서 그럴 거야. 자, 이게 명아주고 이게 개망초니까 다들 샘플로 하나씩 들고 채취해 보자.

농사 더하기+

◆ 천연 농약 만드는 방법

돼지감자

1 꽃이 활짝 핀 돼지감자를 뿌리째 채취한다.

2 뿌리에 붙어 있는 흙을 대충 씻어 낸다.

3 열매, 뿌리, 대, 잎사귀와 꽃까지 모두 솥에 넣고 끓인다.

4 팔팔 끓기 시작하면 약불로 줄여서 여덟 시간 이상 은근히 졸인다. 그런 다음 불을 끄고 체에 걸러서 병에 담는다.

- 돼지감자 천연 농약은 냉장고에 보관하고 필요할 때마다 일반 벌레에는 100 : 1, 진딧물에는 200 : 1로 물에 희석해서 분무기로 뿌려 준다.
- 천연 농약은 한낮을 피해서 오전에는 9시 이전에, 오후에는 4시 이후에 뿌려 주는 게 효과적이다.

애기똥풀

1 적당한 크기로 자른 애기똥풀에 같은 양의 물을 부어 센 불에 끓인다.

2 물이 팔팔 끓이기 시작하면 약불로 줄여서 은근히 졸인다.

3 물이 절반으로 졸아 들면 불을 끄고 진액을 체에 거른다.

- 페트병에 담아서 냉장고에 보관해 두었다가 필요할 때마다 300 : 1의 비율로 물에 희석해서 분무기로 잎사귀에 뿌려 준다. 난황유를 섞어서 사용하면 더욱 효과적이다.
- 애기똥풀 진액은 벌레 물린 곳에 발라 주면 가려움증이 금방 가라앉는다.

달걀노른자로 난황유 만들기

1 달걀노른자 한 개와 같은 양의 물을 믹서에 함께 넣고 3분 이상 섞어 준다.

2 1에 식용유 60ml를 넣고 다시 3분 이상 돌려서 달걀노른자와 식용유가 충분히 섞일 수 있도록 한다.

- 난황유를 200~300 : 1로 물과 희석해서 진딧물이 번진 곳에 뿌려 준다. 난황유의 기름 성분이 진딧물의 숨구멍을 막아 주는 역할을 한다.

봄나물비빔밥(15인분)

재료 밥 15인분, 명아주 1kg, 개망초 1kg, 소금 2큰술, 달걀 15개, 고추장, 참기름

1 명아주와 개망초는 부드러운 윗부분만 똑똑 끊어서 수확한 후 깨끗이 씻는다.

2 라면 다섯 개를 끓일 수 있는 크기의 냄비에 물을 받아 소금 2큰술을 넣고 팔팔 끓인 뒤 1을 넣고 1분 정도 데친다.

3 데친 나물을 건져 내서 찬물에 헹궈 물기를 꼭 짠다.

4 밥 위에 3을 얹고 달걀프라이와 고추장, 참기름을 넣어 쓱쓱 비벼 먹는다.

❁ 나물을 끓는 물에 데치면 식감이 부드러워질 뿐만 아니라 적은 양이지만 나물이 스스로를 보호하기 위해 품고 있는 독성도 제거할 수 있다.

세 번째 농부 일기

생태주의

생태주의란 무엇일까

우리가 처음 밭에 나왔을 때 우리는 비닐도 안 쓰고, 화학 비료와 화학 살충제도 쓰지 말자고 했지? 사실 비닐을 써서 풀이 자라는 것도 미리 막고, 화학 비료를 써서 작물을 무럭무럭 자라게 하고, 화학 살충제를 쳐서 작물에 벌레가 오지 못하도록 하면 농사짓기가 참 편해져. 이런 농사법을 관행 농법이라고 말해. 대규모로 농사를 짓고, 보기 좋고 큼직하고 벌레 먹지 않는 작물을 파는 농부들은 이런 농사법을 더 좋아해. 일하는 시간도 줄이고 수고도 덜 수 있으니까. 게다가 작물이 보기에도 좋으니까 소비자들이 좋아하지.

하지만 관행 농법이 놓치고 있는 것이 있어. 관행 농법으로 오래 농사를 짓다 보면 땅도 죽고, 벌레도 죽고, 결국 작물도 죽게 돼. 빨리 많은 이익을 남기려는 마음에서 만든 농사법이 결국 자연을 망쳐 버리는 거야. 그리고 그렇게 키운 작물을 계속 먹다 보면 우리 몸속에도 화학 물질이 많이 축적되서 건강을 해치게 돼. 장기적인 관점에서 보면 손해가 이만저만이 아니야. 새로 흙도 사야 하고, 비닐도 사야 하고, 화학 비료나 살충제도 사야 하니까 결과적으로 비용도 훨씬 많이 들어.

생태주의ecologism는 이렇게 인간이 자신의 편의를 위해 자연을 망치는 것을 반성하고, 자연과 공생하는 방법과 태도를 연구하다가 생긴 사상이야.

세 가지 생태주의

생태주의는 단순히 자연을 보호하자는 입장과는 달라. 생태주의는 세 부분으로 나누어 이야기할 수 있어.

첫 번째는 자연 생태야. 인간이 지나치게 자연을 훼손하는 것에 반대하고, 자연 생태를 보존하자는 입장이지. 이를 추구하는 대표적인 단체로 세계적으로 유명한 그린피스Green Peace를 꼽을 수 있어. 우리나라의 사례로는 주민들이 나서서 핵에너지의 위험성을 고발하고 핵 개발에 반대했던 부안 핵 폐기장 반대 운동이 있지.

두 번째는 사회 생태야. 인간이 살고 있는 사회가 변하지 않으면 자연을 보존하는 것은 불가능하다는 입장이지. 사회에서 벌어지고 있는 차별을 없애고, 인간이 자연스럽고 행복하게 살 수 있는 사회가 될 때 인간과 자연의 평등도 실현될 수 있다고 말해. 그래서 사회 생태를 지지하는 사람들은 인간 사회의 차별을 없애기 위해 부자만 살기 좋은 사회가 아니라 가난한 사람들도 살기 좋은 사회, 모든 사람이 안전하게 살 수 있는 사회를 만들기 위해 사회 개혁을 해야 한다고 주장해.

세 번째가 마음 생태야. 마음 생태는 보통 근본 생태주의라고 말하는데 인간 중심적으로 생명을 보는 입장에 반대하면서 모든 생명이 평등하다고 믿는 입장이지. 2003년에 지율 스님이 도롱뇽의 입장에서 천성산에 터널을 뚫는 것을 반대하며 소송을 제기한 적이 있어. 물론 이 소송은 소송한 당사자가 인간이 아니라 도롱뇽이기 때문에 재판이 시작되지도 않았지만, 우리가 거들떠보지도 않던 도롱뇽의 권리를 주장했다는 점에서 많은 관심을 이끌었지.

농사를 짓는 것은 마음을 가꾸는 것

농사를 배우는 것은 작물을 잘 키워서 먹는 데 그치는 것이 아니라 이처럼 생명에 대한 새로운 관점을 배우고, 생명을 존중하고, 나와 다른 생명이 평등하다는 마음을 배우는 거야. 이렇게 아름다운 마음을 가꾸다 보면 모두가 행복하고, 자유롭고, 평등한 미래를 만들 수 있는 멋진 민주 시민으로 성장할 수 있을 거야. 그런 점에서 농사를 배우는 것은 작물뿐만 아니라 우리의 삶도 건강하게 키우는 거라고 할 수 있지. 우리는 지금 이렇게 멋진 일을 하고 있는 거야.

어때, 갑자기 자부심이 생기지 않니?

4

서리가
끝났으니 모종을
심어 볼까?

입하
立夏

더 이상 서리가 내리지 않는 입하(5월 5일 무렵)
가 되면 본격적으로 여름 농사를 시작합니다. 오
늘은 다양한 열매채소를 심고, 잎채소들을 솎을
거예요. 낙엽으로 흙도 덮어 줄 거고요. 그리고
상추를 수확해서 쌈밥을 만들어 먹을 거예요.

얘들아, 이리 와 봐. 저번에 봤던 새싹들이 벌써 이만큼 컸어. 정말 놀랍지 않니? 저기 당근도 다 올라왔네. 난 애들 크는 걸 지켜보는 재미로 농사를 짓기도 해.

그런데 미안한 일을 해야 할 때도 있어. 바로 솎아 내기를 할 때야. 잎채소들이 제대로 자라려면 15~20cm 정도의 공간이 필요해. 그래서 새싹 하나만 남기고 모두 뽑아내는 작업을 해야 하는데 이럴 땐 마음이 좀 그래. 하지만 꼭 필요한 일이니까 새싹을 솎아 낼 때는 과감함이 필요해. 어금니에 힘 딱 주고 뭉텅뭉텅 뽑아내는 거지. 그렇지 않으면 애들이 크면서 서로 치이고, 공기가 통하지 않아서 다 짓물러 버려.

열매채소 모종을 심어 보자

우리는 오늘 열매채소 모종을 심을 거야. 그런데 왜 좀 더 일찍 심지 않고 오늘까지 기다린 걸까? 일찍 심었으면 좀 더 빨리 먹을 수 있을 텐데.

그렇지! 너희들 정말 똑똑하구나. 입하 전에는 언제든지 서리가 내려서 모종이 얼어 죽을 수 있다고 그랬잖아. 어린이날 무렵인 입하가 지나면 더 이상 서리가 내리지 않기 때문에 지금부터는 마음 놓고 모종을 심을 수 있어.

자, 그럼 지금부터 모종을 심어 보자. 열매채소 모종을 심기 전에 꼭 명심할 게 있어. 열매채소 모종을 심을 때 가장 중요한 건 간격이야. 처음 농사를 짓는 사람들이 가장 많이 하는 실수가 지금 모종 크기만 생각해서 아주 조밀하게 심는 거야. 열매채소 모종은 다 자라면 사람만큼 클 수도 있는데 경험이 없으니 그걸 모르는 거지.

열매채소 모종은 종류에 상관없이 무조건 40cm 정도의 간격을 유지해야 해. 그렇지 않으면 작물이 제대로 자라지 못할 뿐만 아니라 공기가 제대로 통하지 않아서 병에 걸릴 수도 있어. 그리고 사람이 고랑으로 지나다닐 때 가지가 마구 부러질 수도 있고. 참, 가지는 50~60cm 간격으로 심는 것이 좋아. 가지는 위로도 크게 자라지만 옆으로도 정말 크게 자라거든. 키가 작은 작물은 남쪽에 심고 키가 큰 작물은 북쪽에 심는 것도 잊으면 안 돼.

그럼 지금부터 각자 호미를 들고 간격을 유지하면서 두둑에 구멍을 파 보자. 간격을 잘 모르겠으면 지난 시간에 가르쳐 준 대로 호미를 사용하면 돼. 호미 길이가 30cm이니까 손잡이 길이를 더하면 딱 40cm가 나와. 깊이는 모종의 뿌리 부분이 쏙 들어가게 5cm 정도 파면 돼. 이야, 자로 잰 것 같은데.

이제 물뿌리개로 구멍 가득 물을 채우자. 더, 더, 넘칠 정도로 채워 줘. 그렇지. 이제 물이 흙 속으로 다 스며들 때까지 기다리면 돼. 모종을 심을 때는 이렇게 물을 채워 주는 게 아주 중요해. 모종을 다 심고 물을 흙 위에다 뿌리는 사람들이 있는데 이건 아주 잘못된 방법이야. 흙 위에 물을 어지간히 뿌리지 않고서는 안쪽까지 스며들지 않아. 흙 속까지 흠뻑 적실 수 있는 건 비 말고는 없어. 그리고 흙 위에 물을 뿌리면 흙 속에 수분이 없어서 모종이 몸살을 앓을 수도 있지.

그래서 구멍을 파고 물을 흠뻑 부어 준 다음 모종을 심어야 해. 그래야 뿌리들이 물을 찾아 밑으로 내려가거든. 어떤 사람들은 그렇게 해 놓고도 흙 위에 물을 더 뿌려 주기도 하는데 그건 작물이 활착하는 데 방해가 됐으면 됐지 전혀 도움이 안 돼. 뿌리 입장에서 생각을 해 봐. 기껏 물을 찾아서 땅속으로 내려가고 있는데 위쪽에 물이 있으면 어떨까. '어라, 위에 물이 있는데 힘들게 내려갈 필요 없잖아?' 하고 뿌리를 깊게 내리지 않겠지.

농사지을 땐 사람의 입장이 아닌 작물의 입장에서 생각하는 게 중요하다고 했잖아. 이 점을 명심해야 해. 우리는 작물이 튼튼하게 자랄 수 있도록 물을 거의 주지 않으면서 강하게 키울 거야. 어떤 사람들은 비가 온 다음 날에도 밭에 나와서 물을 주기도 하는데 참 어리석은 일이야. 우린 한 달에 한 번 정도만 물을 줄 거야. 만약 그 달에 비가 내리면 그마저도 하지 않을 거야. 나는 한 달에 한 번씩 비가 내린 해에는 1년 내내 물을 주지 않고 농사를 지어.

이때 중요한 건 인내심이야. 작물을 키우다 보면 자꾸만 물을 주고 싶은 마음이 들거든. 부모가 자식을 키울 때 자꾸만 보호해 주고 싶은 마음이 드는 것과 똑같은 이치야. 그런데 부모가 자녀를 과잉보호하면 의존적인 아이가 되잖아. 작물도 똑같아. 사람이 지나치게 개입하면 병약해져. 그리고 수확물의 맛은 물론이고 저장성도 떨어진단다. 그래서 물을 주고 싶어도 꾹 참아야 돼. 작물에게 스스로 자랄 수 있도록 기회를 주는 거야.

이제 물이 다 스며들었으니까 모종을 심어 볼까.

흙을 살리는 일등 공신, 낙엽

자, 모종을 다 심었으니까 지금부터 멀칭을 해 보자. 멀칭이 무엇인지 아는 사람? 그렇지. 정말 똑똑한데. 멀칭은 농작물을 재배할 때 흙이 마르는 것과 비료가 유실되는 것, 병충해나 풀이 자라는 것을 막기 위해서 볏짚, 보릿짚, 비닐 등으로 땅의 표면을 덮어 주는 것을 말해.

우린 낙엽 멀칭을 할 거야. 저기 낙엽이 엄청 쌓여 있지. 저걸 이리 가져와서 두둑이랑 고랑을 두툼하게 덮어 주자. 저 낙엽은 작년 겨울에 구청 청소과에서 공짜로 실어다 준 거야. 고마운 일이라고? 진짜 고마워해야 하는 건 우리가 아니고 구청이야. 왜냐하면 구청에서는 수거한 낙엽을 소각장에 가지고 가서 돈을 내고 태워야 하거든. 도시에서 낙엽은 그냥 쓰레기니까. 도시 사람들은 낙엽의 가치를 몰라. 낙엽은 쓰레기가 아니고 우리가 엄청 고마워해야 하는 보물이야. 낙엽이 보물이라니까 황당하게 들리지?

너희들, 산을 생각해 봐. 산에는 누가 퇴비를 주지 않는데도 숲이 울창하잖아. 왜 그럴까? 빙고! 산은 온통 낙엽으로 뒤덮여 있잖아. 낙엽은 부식되면서 거름이 돼. 부엽토라고 들어 봤지? 낙엽이 부식되면서 만들어진 흙을 부엽토라고 하는데 그야말로 최고의 흙이야. 그래서 낙엽으로 멀칭을 하면 흙

상태가 몰라보게 좋아져. 낙엽 속에는 엄청나게 많은 미생물
이 살거든. 덕분에 작물도 더 건강하게 자란단다.

또 낙엽 멀칭을 하면 가뭄 때 굉장히 큰 도움을 받을 수 있
어. 흙 속의 수분을 낙엽이 유지시켜 주거든. 그리고 낙엽이
두툼하게 덮여 있어서 풀이 잘 올라오지 못하니까 농사짓기
편해. 풀이 아예 올라오지 않는 것은 아니지만 낙엽 때문에
뿌리를 깊이 내리질 못해서 살짝만 잡아 당겨도 쏙쏙 뽑혀.

어때, 환상적이지? 그럼 지금부터 낙엽을 가져와서 두둑과
고랑을 두툼하게 덮자. 낙엽을 덮을 때는 10cm 이상으로 아
주 두툼하게 덮는 게 좋아. 그렇지. 아주 잘 하고 있어. 과감하
게 팍팍, 너무 심한 거 아닌가 싶을 정도로 두툼하게.

이야, 아주 제대로인데.

생태 뒷간 이야기

얘들아, 근데 너희들 똥이나 오줌 안 마렵니? 오늘이 네 번
째 수업인데 어째 화장실 가는 애가 한 명도 없을까. 뭐라고,
더러워서 못 가겠다고? 하긴 요즘에는 비데가 없으면 볼일을
못 보는 아이들이 많아서 학원에서도 다 비데를 설치한다고
들었어. 그러니 너희들 심정도 이해해. 아마 생태 뒷간을 보
기만 해도 똥이 쏙 들어가겠지. 솔직하게 얘기하자면 어른들

도 여기에서 볼일을 잘 못 봐.

그런데 다른 관점으로 접근해 보면 어떨까. 우선 물 이야기부터 해 보자. 변기에서 똥이나 오줌을 누고 나서 물을 내릴 때 들어가는 물의 양이 얼마나 되는지 혹시 아는 사람 있니? 없어? 그럴 줄 알았다. 6l야. 우리가 똥오줌을 한 번 눌 때마다 큰 생수병 세 통을 버리는 거야. 그럼 우리는 하루에 볼일을 몇 번이나 볼까? 대충 열 번이라고 해 보자. 그럼 하루에 60l를 버리는 거지. 한 달로 계산하면 우린 똥오줌을 누기 위해서 거의 물 2t을 소비하는 거야. 가족이 네 명이라고 치면 집집마다 한 달에 약 8t의 물을 쓰는 셈이지. 그러니까 너희들이 생태 뒷간을 이용하면 물도 절약하면서 환경도 보호하는 거야. 다시 말해 지구를 지키는 중요한 일을 하는 거지.

그리고 물을 절약하는 것 못지않게 중요한 게 하나 있어. 바로 우리의 똥과 오줌이 있으면 농사를 정말 잘 지을 수 있다는 거야. 어라, 다들 표정이 왜 그래? 으웩이라고? 똥오줌이 더럽다고 생각하는 건 순전히 우리들의 착각이야.

너희들 옛날 서양 사람들이 왜 하이힐을 신은 줄 아니? 그건 바로 똥을 밟지 않기 위해서야. 옛날에 서양에는 화장실이 없었어. 그래서 서양 사람들은 똥을 싸면 삽으로 퍼서 담 밖으로 마구 집어던졌대. 그러니 거리가 어땠겠어. 온통 똥 천

지지. 그래서 생겨난 신발이 하이힐이야.

그런데 우리 조상님들은 똥오줌을 정말 소중하게 생각했어. 내가 어릴 때만 해도 밖에서 똥을 누면 아버지한테 무섭게 야단을 맞았어. 왜 그랬을까? 그래, 맞아. 똥오줌을 모으지 않으면 농사를 제대로 지을 수 없었기 때문이야. 옛말에 "이사 갈 때 똥을 누고 가면 이사 들어오는 사람이 잘 산다."라는 속담이 있었어. 그래서 옛날에는 이사 갈 때 안방에 똥을 누고 가는 사람들이 실제로 있었단다. 이 속담의 참뜻은 새로 이사 오는 사람이 잘 먹고 살 수 있게 똥으로 거름을 만들어 주고 가라는 의미거든. 속담의 뜻을 제대로 이해하지 못해서 생긴 해프닝이지.

우리가 똥오줌을 더럽다고 오해하는 건 발효에 대해서 제대로 이해하지 못했기 때문이야. 그냥 똥은 나도 더러워. 그런데 똥에 왕겨나 낙엽이나 풀을 섞어서 주기적으로 뒤집어 주면 발효를 거치면서 퇴비가 돼. 잘 발효된 퇴비에서는 구수한 냄새가 난단다. 못 믿겠으면 이리 와 봐. 이건 작년에 만들어 놓은 퇴비인데 냄새 한번 맡아 봐. 도망가지 말고 한번 맡아 보래도. 어때, 향긋하지? 그리고 이건 내가 페트병에 모아 놓은 오줌인데 이것도 냄새 좀 맡아 봐. 어때, 지린내가 전혀 안 나지? 그 이유는 뚜껑을 잘 닫아 밀폐해 놓았기 때문이야.

오줌은 혐기성이라 산소를 싫어해. 그래서 공기 중에 노출이 되면 부패하면서 지린내가 나는 거야. 그런데 밀폐를 잘 해 놓으면 발효가 되면서 향긋한 냄새가 나는 거지.

옛날에는 집집마다 큼직한 오줌 항아리가 있었어. 항아리에 오줌이 차면 밭으로 내갔는데 오줌 옮기는 통을 오줌장군이라 불렀고, 똥을 옮기는 통을 똥장군이라고 불렀어.

그러니까 제발 편견에서 벗어나서 지구를 구한다 생각하고 생태 뒷간에서 볼일 좀 봐 다오. 내가 집에서 오줌을 모아 오라고 시키지는 않을게. 물론 모아 온다면 정말 고맙긴 할 테지만.

상추 쌈밥을 만들어 먹자

애들아, 오늘은 상추를 수확해서 상추 쌈밥을 만들어 먹자. 우리 조상님들은 옛날부터 상추를 키워서 드셨어. 중국 고서를 보면 고려의 상추는 질이 엄청 좋았대. 그래서 고려 사신이 가져온 상추 씨앗은 천금을 줘야만 얻을 수 있다고 해서 '천금채'라고 불렀다는 기록이 있어. 그리고 4,500년 전에 그려진 이집트 벽화에도 상추에 관한 기록이 남아 있어. 이런 걸 알고 채소를 먹으면 이상하게 더 맛있게 느껴진단 말이야.

씨앗을 뿌린 상추는 아직 새싹이라 더 기다려야 하지만 이럴 때를 대비해서 우리가 일부 모종으로 심었던 상추를 수확하자. 어때, 정말 잘 자랐지? 상추를 수확할 때는 맨 바깥에 있는 잎부터 이렇게 끝을 잡고 살짝 돌려서 따면 돼. 뭘 모르고 가끔씩 확 당겨서 따는 사람들도 있는데 그럼 상추가 다쳐. 그러니까 비튼다는 기분으로 살짝 돌려서 따는 거야. 그럼 각자 상추를 수확해 보자. 이야, 아주 선수들이 다 됐구나. 말 한마디면 알아서 척척인데.

금세 상추가 한 보따리가 됐네. 이 맛에 농사를 짓는 거야. 그럼 이제 환상의 상추 쌈밥을 만들러 가 볼까.

농사 더하기+

◆ 생태 뒷간의 구조

보이지 않는 바닥에는 큰 고무 통이 놓여 있다. 똥을 싸고 왕겨를 뿌려 주면 냄새가 거의 나지 않는다.

앞쪽에 깔때기를 달아 놓아서 볼일을 볼 때 똥과 오줌이 저절로 분리된다.

밖에서 본 생태 뒷간의 모습.

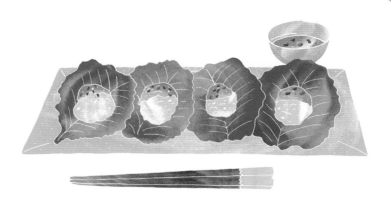

상추쌈밥(15인분)

재료 상추 60장, 밥 10인분, 돼지고기 1근이나 통조림 참치 3개, 채소(양파 3개, 당근 3개, 고추 5개 등), 고추장 적당량

1 밥은 동그랗게 작은 주먹밥으로 만들어 준비한다.

2 준비한 채소를 채 썰어 준비하고, 고추는 다져 둔다.

3 돼지고기는 잘게 썰어 준비하고, 통조림 참치로 할 경우 체에 받쳐 기름을 빼 둔다.

4 달궈진 팬에 기름을 두르고 2를 넣어 볶는다.

5 4에 준비한 돼지고기를 넣어 볶는다. 참치는 으깨면서 볶는다.

6 5에 고추장을 양껏 넣어 골고루 볶는다.

7 상추에 주먹밥을 말아 놓은 다음 그 위에 완성된 돼지고기볶음이나 참치볶음을 올린다.

똥오줌은
소중하다

삼류 선비의 똥오줌론

오늘 정말 수고했어. 새싹도 솎고, 모종도 심고, 낙엽도 덮어 주었더니 뿌듯하지? 이제 작물들이 무럭무럭 자라기를 기대해 보자. 오늘은 일을 열심히 했으니, 옛날 우리 조상님들 가운데 한 분을 소개해 줄게.

연암 박지원 선생이라고, 조선 시대 정조 대왕 때 살던 양반이야. 〈허생전〉, 〈호질〉 같은 소설을 쓴 사람으로도 유명한데, 이분을 정말 유명하게 만든 것은 청나라 사신을 따라서 여행을 다녀온 일을 쓴 《열하일기》라는 책이야. 오늘은 그 《열하일기》 중에 한 대목을 소개해 줄게.

우리는 보통 해외를 여행할 때 그 지역에 있는 유명한 장소나 맛있는 식당, 근사한 풍경에 감동하지? 그런데 박지원 선생은 그런 모습을 소개하지 않아. 오히려 우리가 깜짝 놀랄만한 것을 소개했어.

나는 비록 삼류 선비下士지만 감히 말하리라. "중국의 제일 장관은 저 깨진 기와 조각에 있고, 저 똥덩어리에 있다." …… 똥오줌은 아주 더러운 물건이다. 그러나 거름으로 쓸 때는 금덩어리라도 되는 양 아까워한다. 그래서 길에다 잿더미 하나도 버리지 않으며, 말똥을 줍기 위해 삼태기를 받쳐 들고 말 꼬리를 따라다닌다. 똥을 모아 네모반듯하게 쌓거나, 혹은 팔각으로 혹은 육각으로 또는 누각 모양으로 쌓는다. 똥덩어리를 처리하는 방식만 보아도 천하의 제도가 다 갖추어졌음을 알 수 있겠다.

어때? 고작 똥 덩어리를 소개하냐고 비웃을지 모르지만, 청나라의 위대함은 바로 이 생명 순환의 원리를 일상에서 실천하는 제도에 있었던 거야.

세상에 쓸모없는 것은 없다

재미있어? 그러면 이번에는 동화 한 편을 소개해 줄게. 너희들도 너무 잘 아는 이야기일 수 있어. 동화 작가 권정생 선생이 쓴 《강아지똥》이라는 그림책이야. 이 책에서 나오는 강아지똥은 자신은 아무짝에도 쓸모없다고 한탄을 해. 그러다가 비가 오자 강아지똥은 녹아서 땅속에 스며들고, 소중한 거름이 되어 아름다운 민들레로 다시 태어나지. 우리가 쓸모없다고 생각하지만 않는다면 이 세상에 쓸모없는 것은 아무것도 없다는 메시지를 담고 있어.

거름이 없다면 작물은 잘 자랄 수 없어. 작물에게 양분을 주는 거름 가운데 하나가 바로 똥과 오줌이야. 우리가 건강하게 자란 작물을 맛있게 먹고, 건강한 똥과 오줌을 누고, 거름으로 다시 땅으로 돌려보내는 거지. 그러니까 똥과 오줌은 더러운 것이 아니라 우리에게 소중한 것이 아닐까?

생명 순환의 주인공들

생명 과학에서는 생명의 순환을 이야기해. 생명의 순환이란 공기 중에 많은 양을 차지하고 있는 이산화탄소와 질소가 산소가 되고, 단백질이 되어 식물에게 공급되고, 이 식물을 섭취한 동물들이 다시 이산화탄소와 질소를 배출하는 과정을 말하는 거야. 그 순환 과정을 보면 지구상의 모든 생물들이 순환의 주인공이라는 걸 알 수 있어. 세균 같은 미생물부터 식물과 동물이 모두 순환 과정에 참여함으로써 생명 순환이 완성되는 거야.

우리가 농사를 지으면서 배우는 것 중 하나가 바로 이 생명의 순환이야. 이 순환의 주인공에는 당연히 똥과 오줌도 있고, 새싹도 있고, 오늘 심은 모종도 있고, 모종을 덮은 낙엽도 있어. 그리고 우리도 있지. 정말 근사하지 않니?

5

초여름,
한껏 자라난
새싹 솎기

소만
小滿

소만(5월 21일 무렵)은 햇볕이 풍부하고 만물
이 빠르게 자라나서 가득 찬다는 뜻이 담겨 있어
요. 그래서 소만에는 모내기 준비로 바쁘답니다.
우리는 오늘 고구마를 심고, 지난 시간에 심은
열매채소에 지지대를 세워서 줄 띄우기를 해 줄
거예요. 잎채소 새싹들을 솎아서 비빔밥도 해 먹
을 거고요.

애들아, 어서 와. 저기 텃밭 좀 봐. 정말 놀랍지 않니? 작물들이 2주 사이에 저 정도로 빨리 자랄 줄은 아마 상상도 못했을걸. 상추도 배추만큼 크게 자랐잖아. 지금부터는 작물들이 하루가 다르게 쑥쑥 큰단다. 6월이 되면 열매채소들이 너희들 턱 밑까지 자라. 설마라고? 정말이야. 그래서 6월부터는 토마토를 시작으로 고추, 오이, 애호박, 참외, 가지까지 한 보따리씩 수확할 수 있어.

물론 이때는 작물뿐만 아니라 풀도 어마어마한 속도로 자라지만 우리는 낙엽 멀칭을 했으니 걱정할 필요가 없어.

벌레도 아는데 우리만 모르는 음식 이야기

얘들아, 여기 상추 좀 봐. 달팽이가 상추 잎에 꽤 많이 달라붙어 있지? 다른 벌레들은 상추를 거들떠보지도 않지만 달팽이는 상추를 정말 좋아해. 그래서 바쁠 때 상추를 서둘러 수확해서 집에 가져가면 달팽이가 딸려 오기도 해. 우리 딸이 열 살 때 그렇게 딸려 온 달팽이 세 마리를 집에서 키운 적이 있어. 채집통에 상추를 깔고 달팽이를 키웠는데 얼마나 상추를 잘 먹는지 깜짝 놀랄 정도였어. 물론 똥도 엄청 쌌지만 말이야.

그런데 한번은 밭에 갈 시간이 없어서 마트에서 상추를 사다가 채집통에 넣어 준 적이 있어. 그랬더니 어떤 일이 벌어졌는지 아니? 달팽이 세 마리가 일제히 상추를 피해서 벽을 기어오르기 시작하는 거야. 그리고는 채집통 꼭대기에서 몇 시간이 지나도록 꼼짝을 안 하더라고. 그래서 마트에서 사온 상추를 치우고 부랴부랴 텃밭으로 달려가 상추를 따서 채집통에 넣어 주었어. 그러자 미동도 하지 않던 달팽이들이 슬금슬금 내려오더니 상추를 먹어 치우기 시작했어. 우리는 느끼지 못하지만 달팽이들은 채소에 농약을 쳤는지 안 쳤는지 바로 알아채는 거지. 달팽이들은 화학 농약을 친 작물에는 입도 대지 않아.

너희들 시골에 있는 논에 한번 가 봐. 원래 벼 이삭이 익기 시작하면 참새들이 새카맣게 몰려들어서 아주 포식을 해. 그래서 옛날에는 농부들이 논에 허수아비를 세웠던 거야. 그런데 농약을 친 논에는 벼가 누렇게 익어도 참새가 얼씬도 안 해. 참새뿐만 아니라 메뚜기도 아예 오지를 않아. 그 이야기는 농약을 친 채소는 벌레들이 아예 먹을 수 없다는 의미야. 왜 안 그러겠어. 농약은 독극물이잖아. 그런데 우리는 농약을 쳐서 키운 채소를 매일 먹고 있어. 난 현대인들이 그렇게 많은 병을 앓는 가장 큰 원인은 먹는 거에 있다고 생각해.

이상하게도 많은 어른들은 벌레 먹은 채소가 해롭다고 착각하곤 해. 벌레 먹은 채소를 사람이 먹으면 큰일 나는 줄 알고 벌레가 먹지 않는 채소만 찾아. 한번은 배추 농사가 너무 잘 돼서 이웃들에게 배추를 나눠 준 적이 있어. 그런데 사람들이 배추에 달라붙어 있는 벌레들을 보더니 "꺄악!" 비명을 지르면서 그냥 도망가는 거야. 채소에 벌레가 있는 건 이상한 게 아니라 자연스러운 건데 말이야. 벌레가 채소를 먹었다는 건 농부가 자연을 해치지 않고 생태계를 보살피면서 정직하게 농사를 지었다는 의미야. 그러니까 벌레 먹은 채소를 보면 우리는 고맙게 생각해야 해.

고구마를 심어 보자

자, 그럼 지금부터 고구마를 심을 건데 고구마는 뿌리가 변형되어서 달리는 뿌리채소야. 고구마는 척박한 환경에서도 잘 자라거든. 그래서 대표적인 구황 작물로 널리 퍼져 나간 거야. 고구마는 오히려 퇴비를 많이 넣으면 맛이 떨어지니까 주의해야 해. 고구마는 소만에 맞춰 심는 게 딱 좋아. 많은 사람들이 5월 초에 고구마를 심기도 하는데 그건 너무 일러.

고구마를 심는 방법은 크게 두 가지가 있어. 가장 일반적인 방법은 두둑 폭을 40cm 내외로 좁게 만들어서 한 줄로 심는 방법이야. 이렇게 심으면 수확할 때 편해. 또 다른 방법은 두둑 폭을 90cm로 넓게 만들어서 두 줄로 심는 방법이야. 이렇게 심으면 수확할 때 조금 힘들긴 하지만 밭이 좁을 때 유용해. 우리도 밭이 넓지 않으니까 두 줄로 심을 거야.

우선 괭이를 사용해서 10cm 깊이로 골을 파자. 괭이가 없는 사람은 호미로 파도 돼. 와우, 골을 파는 솜씨가 보통이 아닌데. 아주 자를 대고 그린 것 같다. 속도도 장난 아니고. 자, 골을 다 팠으니 이제 골에 물을 채우자. 그렇게 찔끔찔끔 물을 부으면 안 되고 물이 흘러넘칠 정도로 흠뻑 채워야 돼. 그래야 고구마 모가 죽지 않고 뿌리를 잘 내릴 수 있어. 물을 다 채웠으면 물이 땅속으로 스며들 때까지 기다려야 해. 이제 고구마 모를 골에 일렬로 쭉 늘어놓자. 그렇지. 고구마 모를 늘어놓을 때는 모가 옆에 심은 모의 간격과 10cm 정도 겹치도록 해야 해. 왜냐하면 흙을 덮을 때 잎사귀 달린 위쪽이 밖으로 드러나야 하거든. 그래야 광합성을 할 수 있기 때문이지.

자, 다 심었다. 그럼 지금부터 고구마밭에도 낙엽을 날라다 덮어 주자. 고구마밭에 낙엽 멀칭을 할 때는 낙엽이 잎사귀를 덮지 않도록 조심해야 해.

그렇지. 이제 제법 프로의 냄새가 나는데?

지지대를 세우고 줄을 띄워 보자

자, 지금부터는 열매채소밭에 지지대를 세워서 줄을 띄워 줄 거야. 여기서 질문 하나, 농부들은 왜 지지대를 세울까? 편하게 생각나는 대로 얘기해 봐. 에이, 한 번에 정답이 나오면 내가 재미없잖아. 그래, 바로 그거야. 지금 나온 대답처럼 지지대가 없으면 고추, 가지, 토마토는 바람이 세게 불거나 비가 많이 내리면 쓰러져 버려. 우리가 심은 모종들은 갓난아기랑 똑같다고 생각하면 돼. 엄마 아빠가 아기를 키울 때 기저귀도 갈아 주고, 목욕도 시켜 주고, 이유식도 먹이잖아. 모종도 어릴 때는 갓난아기처럼 돌봐 주는 게 필요해.

그러니까 열매채소 모종을 심은 뒤에는 곧장 지지대를 세워서 줄로 모종을 잡아 주는 게 좋아. 그렇지 않으면 모종들이 바람에 흔들리면서 스트레스를 받거든. 이럴 땐 아기가 울고 있다고 생각하면 돼. 그러니까 모종을 심었으면 잽싸게 지지대를 세운 뒤에 노끈으로 줄을 띄워서 모종이 흔들리지 않고 똑바로 서 있을 수 있도록 단단히 붙잡아 줘야 해.

줄을 띄워 주지 않으면 나중에 고추와 가지, 토마토가 자라서 열매를 주렁주렁 매달 때 그 무게를 이기지 못하고 가지가 마구 부러질 수가 있어. 그래서 지지대는 튼튼할수록 좋아. 어떤 사람들은 지지대가 비싸다고 굵은 철사로 된 옷걸이를 펴서 지지대로 쓰기도 하는데 그건 거의 도움이 안 돼. 농사는 사람의 입장이 아닌 작물의 입장에서 생각해야 하는데 그건 순전히 자기 입장만 생각하는 이기적인 행동이야.

그다음에는 오이와 애호박과 참외를 심은 밭에도 지지대를 세워서 줄을 띄울 거야. 넝쿨 작물의 경우에는 줄을 띄우는 목적이 좀 달라. 넝쿨 작물은 원래 바닥을 마구 기어 다니면서 자라는 아이들이야. 그런데 그렇게 하면 굉장히 넓은 밭이 필요하잖아. 물론 밭만 넓다면야 맘대로 기어 다니게 해도 되겠지. 하지만 너희들도 알다시피 우리 밭은 좁잖아. 이렇게 좁은 곳에서 넝쿨 작물을 그냥 키우면 다른 작물들을 마구 휘어 감아서 피해를 입히기도 하고 무엇보다 이웃에게 민폐를 끼치게 돼. 그래서 가장 긴 2m짜리 지지대를 세우고 줄을 띄워서 허공에 넓은 밭을 만들어 주는 거야.

너희들, 담쟁이넝쿨을 생각해 봐. 담쟁이넝쿨 입장에서는 아마 담이나 벽이 밭이나 다름없을걸.

자, 그럼 이제 지지대하고 줄을 챙겨서 밭으로 가 볼까.

새싹비빔밥을 해 먹자

다들 고생 많았다. 오늘은 정말 일이 많았지? 농부들은 이때가 가장 바쁘고 힘들어. 그야말로 눈코 뜰 새가 없지. 아마 너희들도 오늘이 가장 힘들었을 거야. 봐, 시간이 훅 지나갔잖아. 이럴 땐 간단한 요리를 만들어서 먹는 게 가장 좋은데 새싹비빔밥이 아주 딱이야. 새싹비빔밥은 일년에 딱 두 번, 봄과 가을밖에 먹을 수가 없어.

이리 와 봐. 너희들이 청명에 뿌렸던 잎채소 새싹들이 엄청 잘 자랐지? 그런데 이대로 두면 공간이 너무 비좁아서 애들이 제대로 자라지 못할 뿐만 아니라 공기가 통하지 않아서 짓무르기도 해. 씨앗을 성기게 뿌린다고 뿌렸는데도 엄청 빽빽하게 심겨 있잖아. 아마 이 새싹들은 지금 굉장한 스트레스를 받고 있을 거야. 이 말은 우리가 빨리 솎아서 쾌적한 환경을 만들어 줘야 한다는 거지.

새싹을 솎을 때는 과감하게 솎아야 해. 처음 새싹을 솎을 때는 새싹들에게 미안한 마음이 들어서 망설일지도 몰라. 하지만 새싹들이 잘 자라기 위해서 하는 일이니까 뭉텅뭉텅 뽑아야 한다는 생각으로 새싹 무더기를 한 움큼씩 낚아채서 솎아 내는 게 중요해. 그런 다음 15~20cm 간격으로 새싹 하나만 남겨 놓는 거지. 만약 새싹이 너무 어리다 싶을 때는 한자리에 새싹 서너 개만 남겨 두었다가 순차적으로 하나씩 뽑아 주면 돼.

농사는 때를 놓치면 큰 낭패를 볼 수밖에 없어. 절기마다 반드시 해야만 하는 일이 정해져 있기 때문에 농부들은 몸이 아파도 제대로 쉴 수가 없단다. 너무 피곤하니까 오늘만 좀 쉬어야지 하고 게으름을 부렸다가는 1년 농사를 망치게 돼. 그래서 우리 조상님들은 절기를 정말 중요하게 생각했어. 너희들 철부지란 말 들어 봤지? 이 말은 계절을 모르는 사람, 즉 제때에 맞게 자기가 할 일을 할 줄 모르는 어리석은 사람이라는 뜻이야.

그러니까 오늘 일을 많이 해서 피곤하겠지만 조금만 참고 얼른 새싹을 솎자. 그럼 새싹이 무럭무럭 자라서 건강한 모습으로 우리를 맞아 줄 거야. 그럼 어디 시작해 볼까.

와, 손이 많으니까 금방 끝났는걸. 이제 솎은 새싹을 후다닥 씻어서 비빔밥을 해 먹자.

농사 더하기+

◆ 열매채소 줄 띄우는 법

노끈을 두 줄로 만들어 주기 위해서는 끝까지 한 방향으로 지지대를 감아 나간 뒤 끝에서부터 다시 반대 방향으로 감아 오면 된다.

모종이 움직이지 않도록 빵끈으로 양쪽을 묶어 준다.

작물이 노끈 가운데 놓이도록 두 줄로 노끈을 묶어 준다. 노끈은 작물이 흔들리지 않도록 지탱해 주는 역할을 하기 때문에 최대한 팽팽하게 묶어야 한다.

◆ 넝쿨 작물 줄 띄우는 법

사선으로 세운 지지대와 가로대로 얹은 지지대를 노끈으로 단단히 묶어 준다. 이때 가로대 아래쪽을 몇 차례 돌려서 단단히 묶어야 나중에 가로대가 작물의 무게를 견디지 못하고 흘러내리는 걸 방지할 수 있다.

가로대에 10cm 간격으로 가로줄을 묶어 주고 15cm 간격으로 세로줄을 띄워 준다. 세로줄을 띄울 때는 가로줄을 한 번 감아 주기만 하면 된다.

이렇게 줄을 띄워 두면 넝쿨 작물들이 스스로 줄을 잡고 올라간다.

텃밭
레시피
5

새싹비빔밥(15인분)

재료 새싹 15공기, 밥 15인분, 달걀 15개, 참기름, 고추장

1 물을 담은 양푼에 솎은 새싹을 뿌리째 10여 분간 담가 둔다. 그러면 뿌리에 달라
   붙어 있는 흙이 쉽게 떨어진다.

2 물에 담가 두었던 새싹을 깨끗이 씻어 준다.

3 밥과 새싹, 달걀프라이를 넣은 대접에 고추장과 참기름을 취향대로 넣고 비빈다.

✿ 참기름 대신 들기름을 넣어도 맛있다.

잡초가
아니다

잡초라 불리는 야생초 이야기

밭에는 작물도 참 많지만 그만큼 풀들도 많아. 흔히들 작물이 아닌 풀들을 잡초라고 말하는데 사실은 우리가 잘 몰라서 그런 거야.

우리가 키우는 작물은 인간에게 길들여진 풀들이지만, 그렇지 않은 풀들은 아주 오랫동안 자연스럽게 자라난 생명들이야. 풀들의 역사로 말하자면, 이 풀들이야말로 지구의 원주민이고, 작물들이 이주민이라고 할 수 있어. 그래서 그런지 작물들은 인간이 돌보지 않으면 금세 죽어 버리지만, 작물이 아닌 풀들은 인간이 돌보지 않아도 스스로 자라나. 오히려 왕성한 생명력을 보이면서 말이야.

지금은 전남 영광에서 '생명 평화 마을'을 일구고 있는 황대권 선생은 청년 시절 감옥에서 쓴 편지글을 모은 책《야생초 편지》에서 '잡초' 대신에 '야초野草'라는 말을 써. '야초'는 그 땅이 필요해서 그 자리에서 키우는 약초를 말해.

지금까지 알려진 식물종은 약 35만여 종인데, 인간이 재배해서 먹고 있는 식물은 약 3천여 종에 불과해. 그렇다면 나머지 34만 7천여 종의 식물들은 아무 가치도 없는 걸까? 황대권 선생은 모든 야초는 고유한 가치를 가지고 있으며, 인간에게 알려지지 않았지만 땅에게는 아주 유용한 풀이라고 이야기하고 있어.

지구에서 자라는 생명체들 가운데 지구에게 필요하지 않은 생명체는 없을 거야. 그런데 인간은 자신에게 필요한 것은 살리고, 필요하지 않은 것들을 멸종시키는 잘못을 범하고 있어. 지구 차원에서 보면 생명에 대한 범죄 행위인 거야.

야초와 더불어 살아가기

만약에 학교에서 성적이 좋은 학생들만 남겨 놓고 성적이 안 좋은 학생은 퇴학시켜 버리면 어떻게 될까? 또 경제적 능력이 뛰어난 사람만 남겨 놓고 나머지는 모두 감옥에 가둬 버리면 그 사회는 어떻게 될까? 분명 학교도, 사회도 정상적으로 굴러가지 않을 거야. 성적이나 경제적 능력과 관계없이 모든 인간이 평등하다면, 인간에게 필요한 것과는 관계없이 모든 생명도 평등한 거야.

그러니까 우리는 밭에서 나는 작물이 아닌 다른 풀들도 공평한 마음으로 대해야 하지 않을까. 필요 없다고 뿌리 뽑아 버리는 것이 아니라, 야초와 더불어 농사짓는 법을 배워야 할 것 같아.

그래서 황대권 선생은 야초와 더불어 농사를 짓자고 제안하고 있어. 야초와 더불어 농사를 지으면, 생물종의 다양성을 유지할 수 있을 뿐만 아니라 먹을거리도 다양해지고 영양소도 풍부해져. 사실 밭에서 자라는 모든 야초들은 나물 재료로 쓸 수 있어. 그리고 농사를 짓는 데에도 도움이 돼. 토양이 침식되거나 오염되는 것을 방지할 수도 있고 이산화탄소가 증가하는 것도 억제할 수 있지. 가장 중요한 것은 자연과 공생하며 조화롭게 살아가는 것을 배울 수 있다는 거야.

이제부터 설령 김을 매야 한다고 하더라도 잘라 낸 야초들을 그 자리에 놓아두자. 그 땅이 필요해서 자라게 한 풀이니까 그 땅에 돌려주는 거야.

모든 존재가 우리의 스승이다

윤구병 선생이 쓴 《잡초는 없다》라는 책도 한번 읽어 보라고 권하고 싶어. 윤구병 선생은 초보 농사꾼으로 농사를 지으면서 단지 농사만 배우는 것이 아니라 교육과 인생에 대해서도 새롭게 배우게 돼. 농사를 지으며 삶과 철학이 바뀐 셈이지.

우리도 처음에는 밭에서 농사짓는 것이 그저 힘들기만 하고, 왜 이런 것을 배워야 하나 의아해했잖아. 하지만 농사를 짓다 보니 이런 저런 기술도 배우지만, 단지 기술만 배우는 것이 아니라 살아가는 태도도 점점 바뀌지 않니? 아무리 좋은 교육을 받아도 배우겠다는 태도가 없으면 지루할 뿐이지만 배우겠다는 마음만 있으면 모든 것이 배울 거리야. 농부들은 하늘을 보면서 평등한 사랑을 배우고, 땅을 보면서 생명을 키우는 엄마의 마음도 배워. 벌레에게도 배우고, 온갖 작물에게도 배우고, 심지어는 '잡초'라고 불리던 풀들에게도 배우잖아.

자, 주변을 둘러보자. 여기 있는 모든 존재들이 우리의 스승이라고 여기면서 늘 존경의 인사를 보냈으면 좋겠어.

6

바야흐로
벌레의 계절,
여름

망종
芒種

망종(6월 5일 무렵)은 보리를 거두고 볍씨를 뿌리기 좋은 날이라는 뜻이에요. 망종이 지나면 벌레들도 부쩍 많아지는데 벌레에 대해서 미리 알아 두면 좋겠죠. 오늘은 김매기를 하고 웃거름도 줄 거예요. 기다리고 기다리던 토마토를 수확해서 스파게티를 만들어 먹고요.

얘들아, 어서 와. 2주 만에 텃밭이 숲처럼 변했지? 우리들이 키우는 작물이 빠른 속도로 자라면 자랄수록 우리가 할 일들도 그만큼 많아져. 너희들이 초등학생 때와 중학생 때 먹는 밥양이 달라지듯이 작물들에게도 더 많은 거름이 필요하단다.

　우리가 밭을 만들 때 넣어 준 퇴비를 밑거름이라고 하는데 그것만 가지고는 열매가 제대로 열리지 않아. 그래서 이때부터 웃거름이 필요해. 지금부터는 풀도 무서운 속도로 자라니까 김매기도 해 줘야 하고, 가물면 물도 줘야 하지. 무엇보다 벌레 때문에 생길 수 있는 피해에 대비를 해야 해. 여름은 벌레의 계절이기도 하거든.

텃밭에 물을 주자

애들아, 비가 언제 왔었지? 내 기억에도 3주 전쯤 온 것 같다. 저기 다른 농장을 보면 사람들이 텃밭에 열심히 물을 주고 있잖아. 대부분의 사람들은 텃밭에만 오면 물을 주고 싶어 해. 실제로 식물이 자라는 데는 물이 정말 중요해. 그래서 작물을 키우는 사람들은 부지런히 물을 주면서 내가 작물을 열심히 돌보고 있다는 생각에 굉장히 뿌듯해 하지. 그런데 우리는 지난 3주 동안 텃밭에 한 번도 물을 주지 않았어. 물 이야기는 아예 꺼내지도 않았지. 왜 그랬을까?

날이 가물면 식물의 뿌리는 땅속 깊숙이 파고들면서 수분과 영양분을 찾아서 분열을 해. 식물은 위로만 자라는 게 아니야. 윗부분이 자라는 만큼 땅속에서도 쑥쑥 자라거든. 그리고는 뿌리털을 내려서 만든 빽빽하고 섬세한 길을 통해서 물과 영양분을 흡수해. 날이 가물면 가물수록 뿌리는 더 깊은 땅속으로 파고들어. 그래야 살 수 있으니까.

그런데 사람이 자꾸만 물을 주면 어떻게 될까? 그렇지, 식물 입장에서는 사방에 물이 있는데 굳이 물을 찾아서 뿌리를 깊이 내릴 필요가 없잖아. 사람들은 식물의 뿌리가 물과 영양분을 섭취하는 데만 필요하다고 많이 오해하는데 뿌리의 가장 중요한 역할 가운데 하나는 식물이 비바람에 쓰러지지 않도록 튼튼하게 받쳐 주는 거야. 뿌리를 깊이 내린 작물들은 태풍에도 쓰러지지 않고 잘 견딘단다.

뿌리를 깊이 내리지 못한 작물들은 병약할 수밖에 없어. 비바람이 몰아칠 때마다 뿌리가 부실하니 고통스러워하고, 늘 배고픔으로 힘들어해. 식물들한테 정말로 좋은 영양분은 땅속 깊은 곳에 다 있거든.

그래서 물을 자주 준 작물들은 병충해 피해에 엄청 취약해. 생각해 봐. 건강한 아이들은 감기에도 잘 걸리지 않고 감기에 걸렸다 해도 금방 낫지만, 면역력이 약한 아이들은 약을 먹어도 잘 듣지 않고 오랫동안 힘들어하잖아. 식물도 똑같아. 사람들이 농약에 의존해서 농사를 짓는 것도 결국 작물을 병약하게 키우는 거야. 난 너희들이 청소년 농부 학교를 졸업하고 나중에 다른 곳에 가서 텃밭을 일구더라도 식물은 강하게 키울수록 좋다는 사실을 잊지 말았으면 좋겠어.

벌레에 대처하는 우리의 자세

왜 그래? 무슨 일이야? 이야, 무당벌레들이 토마토잎이랑 가지잎을 신나게 먹어 치웠구나. 너희들이 비명을 질러 대는 바람에 난 또 무슨 큰일이라도 난 줄 알았잖아.

우리나라에서 살고 있는 무당벌레는 90여 종인데 그중 다섯 종류만 식물의 잎을 갉아 먹는 해충이고 나머지는 모두 진딧물을 잡아먹고 사는 익충이야. 무당벌레가 해충인지 익충인지 구분하는 방법은 간단해. 몸에 보송보송한 털이 있으면 해충이고, 등껍질이 반질반질하면 익충이야.

어쨌건 무당벌레가 작물의 잎을 갉아 먹을 때 우리가 할 수 있는 방법은 세 가지야. 하나는 봄에 우리가 애기똥풀로 만들어 두었던 천연 농약을 사용하는 거고, 다른 하나는 일일이 손으로 눌러 죽이는 거야. 그리고 마지막 방법은 그냥 내버려 두는 거야.

천연 농약을 쓰면 해충을 손쉽게 방제할 수 있다는 장점이 있지만 문제는 익충들도 죽는다는 거야. 생태계를 보호할 것이냐, 해충을 퇴치할 것이냐를 선택해야 하는 난제에 봉착하게 되지. 잎을 하나하나 떠들어 가며 무당벌레를 찾아서 손으로 눌러 죽이는 건 익충을 보호할 수는 있지만 땡볕 아래서 꽤 고생을 해야 해. 마지막으로 그냥 내버려 두면 반드시 그런 것은 아니지만 꽤 큰 피해를 입을 수도 있어.

어떤 선택을 하느냐는 너희들의 몫이야. 농사는 기술이 아니라 철학이라고 했던 이야기 기억나니? 너희들이 어떤 생각을 하느냐에 따라서 각기 다른 결정을 내리겠지.

한 가지 조언을 하자면 식물은 해충이 자기를 공격할 때나

병원균에 감염되었을 때 절대로 가만히 있지 않는다는 거야. 전에 배웠듯이 식물들은 해충의 공격을 받으면 몸속에서 피톤치드라는 항균 물질을 만들어 내뿜어.

대부분의 사람들은 벌레들이 작물을 갉아 먹으면 큰일 나는 줄 알고서 농약부터 찾아. 하지만 나는 피해가 심하지 않다면 작물이 스스로 해충과 싸울 수 있는 기회를 주는 게 좋다고 생각해. 벌레가 공격한다고 해서 당장 큰일 나는 건 아니거든. 물론 벌레의 공격을 당하는 작물의 모습을 지켜보는 게 쉬운 일은 아니야. 당연히 마음이 아프지. 그렇지만 나는 그게 작물을 더욱 건강하게 키우는 지름길이라고 믿어.

그리고 텃밭의 생태계가 다양하게 살아 있으면 천적들이 나타나서 도와줄 수도 있어. 자연은 모든 생명이 조화롭게 살아갈 수 있도록 지혜롭게 조정을 해 주거든. 모든 걸 믿고, 인내심을 가지고 지켜보다가 피해가 너무 심하면 그때 조치를 취해도 괜찮다고 봐.

그런데 진딧물의 경우에는 이야기가 좀 달라져. 진딧물은 다른 해충들과 달리 순식간에 번져서 농사를 완전히 망쳐 놓을 수가 있거든. 그래서 진딧물은 처음부터 방제를 해 주는 게 좋아. 물론 흙이 건강하고 생태계가 살아 있다면 진딧물도 번지다가 말긴 해. 하지만 농장을 그런 환경으로 만들려면 몇 년의 노력이 필요하지.

어쨌든 진딧물을 제외한 다른 해충들이 나타나도 당장 호들갑을 떨면서 뭔가를 할 필요는 없어. 그렇다고 마냥 손 놓고 있어도 된다는 건 절대로 아니야. 계속해서 주의 깊게 지켜봐야 해.

그럼 지금부터 무당벌레를 어떻게 할지 너희들끼리 의논해서 결정을 내리렴. 그동안 난 저기에서 바람이나 쐬고 있어야겠다.

처음 수확한 토마토로 스파게티를 만들자

자, 지금부터는 소쿠리를 하나씩 들고 열매채소들을 수확해 보자. 우선 토마토부터 따 볼까? 와, 이게 올해 첫 열매 수확물이다. 기분 좋지? 이게 바로 노동의 결실이고 기쁨이야.

텃밭 농사는 6월부터가 진짜 재미있어. 수확물이 엄청나게 많거든. 당장 우리 텃밭만 봐도 그렇잖아. 토마토 따고 나면 고추, 가지, 애호박, 오이, 참외, 파프리카까지 그야말로 수확물이 차고 넘쳐. 거기에다가 상추, 아욱, 쑥갓, 깻잎도 저번에 싹 수확했는데 그새 다시 자랐잖아. 그래서 텃밭 농사를 짓는 엄마들은 매주 텃밭으로 장을 보러 와. 시장에서 파는 채소하고는 맛과 향이 질적으로 다르기도 하지만 무엇보다도 내가 정성껏 키운 채소를 직접 수확해서 요리해 먹는다는 기쁨과 보람이 얼마나 큰지 몰라.

너희들, 한번 생각해 봐. 우리가 한 일이라고는 퇴비를 넣고 밭을 만들어서 4월에 씨를 뿌리고, 5월에 모종을 심었을 뿐인데 작물들은 지금부터 가을까지 쉴 새 없이 열매를 내어 줘. 물론 우리도 가을까지 작물을 열심히 돌보긴 하겠지만, 그걸 감안해도 얼마나 고맙고 감사한 일이니.

농사는 사람이 짓지만 그 결과는 자연이 주관하는 거야. 그래서 우린 수확을 하면서도 결과에 연연하면 안 돼. 결과에 집중하면 욕심을 부리게 되고 그럼 자연을 해칠 수밖에 없어. 우리는 그냥 과정에만 충실하면 돼.

자, 각자 수확한 작물을 한곳에 모아 보자. 정말 굉장하지?

그럼 우린 자연에 감사하면서 수확한 토마토로 스파게티를 만들어 먹자.

농사 더하기+

◆ 텃밭에 물 주는 방법

- 열매채소 텃밭에는 가급적 자주 물을 주지 않는 게 좋다.

- 물을 줄 때는 아침 일찍이나 해가 질 무렵에 준다. 한낮에 물을 주면 잎사귀에 맺힌 물방울들이 볼록 렌즈 역할을 해서 작물이 화상을 입을 위험이 크다.

- 여름 낮 시간에는 작물들이 축축 처져 있는데 이때 사람들은 식물들이 물을 필요로 한다고 오해하기 쉽다. 하지만 이건 식물들이 땡볕을 견디기 위해서 체내의 수분을 내보내기 때문이다. 오히려 이때 물을 주면 식물들은 오히려 스트레스를 받으니 주의한다.

- 가뭄이 심할 때는 두둑에 물을 주지 말고 고랑 양 끝을 막은 뒤에 고랑에 물을 채우는 게 더 좋다.

◆ 웃거름 주는 방법

- 6월부터는 열매채소에 열매가 주렁주렁 매달리기 때문에 흙에 거름기가 부족하다. 이때 웃거름을 주지 않으면 열매가 작아지고 작물이 힘들어한다.

- 웃거름은 호미를 사용해서 작물과 작물 사이에 10cm 깊이로 구멍을 판 뒤 퇴비를 한 움큼 넣어 주고 흙을 덮어 주면 된다.

- 만약 오줌을 모으기 시작했다면 완전히 밀봉하고 보름 뒤부터 웃거름으로 쓸 수 있다. 물과 오줌을 5 : 1이나 10 : 1로 희석해서 두둑에 골고루 뿌려 준다.

- 유통 기한이 지난 막걸리 한 병을 10ℓ짜리 물뿌리개에 부어 뿌리면 작물이 성장하는 데 도움이 된다.

- 커피 찌꺼기 적당량을 두둑에 솔솔 뿌려 주면 거름 효과를 얻을 수 있다.

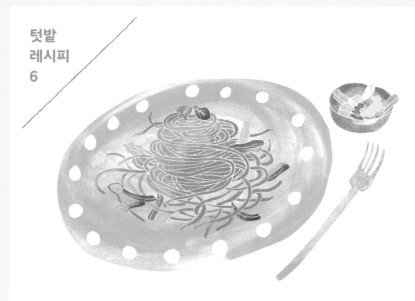

텃밭
레시피
6

토마토스파게티(15인분)

재료 스파게티 면 2봉지, 찰토마토 30개, 돼지고기 600g, 파프리카 5개, 마늘 4통, 양파 5개, 올리브유, 소금

1 토마토는 꼭지 부분을 칼로 살짝 열십자(+)를 내서 데친 다음 찬물에 담가 식힌 뒤 껍질을 벗겨서 손으로 으깨 준다. 마늘, 양파, 버섯, 돼지고기도 잘게 잘라서 준비해 둔다.

2 가열한 프라이팬에 올리브유를 두르고 토마토를 제외한 재료들을 몽땅 넣고 중불에서 볶는다. 올리브유가 없으면 식용유를 사용해도 괜찮다.

3 돼지고기가 익어 갈 즈음 토마토를 넣고 볶는다. 만일 텃밭에 바질을 심어 두었으면 바질잎을 3~4장 뜯어 잘게 썰어 넣고 함께 볶는다.

4 물을 자작하게 붓고 2~3분 정도 끓여 소스를 완성한다. 끓일 때 소금을 넣어 간을 맞춘다.

5 끓는 물에 스파게티 면을 넣고 10분 정도 삶는다. 물을 끓일 때 소금 반 숟가락, 올리브유 서너 방울을 넣으면 면이 더욱 쫄깃해진다.

6 **5**를 찬물에 씻지 말고 물기만 뺀다.

7 **4**에 김이 모락모락 나는 면을 넣고 버무린다.

여섯 번째 농부 일기

선악의
윤리학

선악은 없다

우리가 수확한 농작물로 만든 스파게티 맛이 어때? 정말 맛있지?

오늘은 좀 엉뚱하지만 중요한 이야기를 해 보려고 해. 자, 질문 하나 할게. 너희는 선과 악이 있다고 생각하니? 질문이 어렵다고? 알았어. 그럼, 구체적인 예를 들어 보자. 독사는 선한 존재일까, 악한 존재일까? 거의 모든 학생들이 독사는 악하다고 이야기하네. 물론 독사한테 물리면 치명적인 결과를 낳을 수 있어. 심지어 목숨을 잃기도 하지. 하지만 우리가 독사에게 물리기 전에 도망간다면 독사는 우리에게 선하지도 악하지도 않은 존재가 되지. 더 나아가 어떤 사람이 독사를 잡아서 그 독을 뽑아 사람을 치료하는 데 쓴다면, 그 독사를 악한 존재라고 볼 수 있을까? 이 사례를 놓고 생각해 보면, 이 세상에 원래부터 선하거나 악한 존재는 없다고 판단하는 것이 더 맞다고 봐.

선악은 누가 판단하는가

그렇다면 우리는 선악을 어떻게 판단할까? 인간은 보통 자신에게 도움을 주면 선하다고 판단하고, 불편을 끼치면 악하다고 판단하는 경향이 있어. 우리가 해충害蟲이라고 말하는 벌레는 작물을 해치니까 해충이라고 말하고, 익충益蟲이라고 말하는 벌레는 그 해충을 잡아먹으니까 익충이라고 말하는 거야.

그런데 벌레의 입장에서 본다면 이런 인간의 판단이 늘 옳은 것일까? 사실 우리가 해충이라고 말하는 벌레를 잘 살펴보면 대부분 채식을 하고 귀엽게 생겼어. 진딧물을 봐 봐. 이제 익충이라고 말하는 벌레를 보자. 거미는 육식을 하고 생긴 것도 무섭게 생겼지. 해충은 오히려 자신을 잡아먹는 '익충'을 해충이라고 보지 않을까?

결국 자연의 입장에서 보자면 모든 생명체는 서로 공존하면서 서로가 서로에게 도움을 주니 선하다, 악하다 말할 수 없을 거야. 어느 한편에서 해로운 것이 모든 것에게 해로운 것은 아니고, 어느 한편에서 이로운 것이 모두에게 이로운 것은 아니기 때문이지.

생태주의적 선악

생태주의적 관점으로 본다면 무엇이 선하다거나 악하다고 함부로 말하기 어려워. 어느 생명의 관점에서 보느냐에 따라 달라질 테니까 말이야.

함께 생각해 보고 싶은 질문이 있어. 생태주의적 관점에서 보면 지금껏 자연을 대해 온 인간의 행동을 어떻게 볼 수 있을까? 인류는 그동안 자기만 돌보느라 너무도 많은 생명체를 멸종시켰고, 지금도 멸종시키고 있어. 자연을 보호하고 후손들에게 깨끗하고 생명력 넘치는 자연을 넘겨주기보다는 눈앞의 이익을 위해 자연을 파괴하고, 오염된 자연을 후손에게 떠넘기는 파렴치한 역사를 만들어 왔지. 그런 관점에서 보면 인간이야말로 가장 악한 존재일지도 몰라.

요즘 사람들은 치킨을 무척 좋아하지? 그러다 보니 닭고기가 많이 필요했고, 그 결과 대량 생산된 닭들은 아주 좁고 더러운 환경 속에서 비참하게 살아왔어. 전염병이 돌면 닭들은 치료는 커녕 살아 있는 상태로 매장당하기도 했지. 정말 비극

이 아닐 수 없어. 어디 닭뿐이겠어. 우리가 즐겨 먹는 돼지나 소도 닭과 비슷한 환경에서 비참하게 살고 있어. 이 동물들에게는 아무런 권리도 없는 것일까?

만약 사람들이 이런 생활 태도를 바꾼다면 인간뿐만 아니라 동식물은 물론이고 심지어 생명이 없는 존재들도 지킬 수 있어. 이런 태도를 두고 생태 윤리적 삶을 지향한다고 말할 수 있겠다. 그동안 우리 인간에게만 유리하게 선택해 온 것을 반성하면서 우리 일상을 한번 점검해 보면 좋겠어.

7

뙤약볕 아래

숨은 감자

찾기

하지
夏至

하지(6월 21일 무렵)는 태양이 가장 높이 떠서
1년 중 낮이 가장 길고 밤이 가장 짧은 날이에
요. 옛날에는 하지 때까지 비가 오지 않으면 기
우제를 지냈어요. 우리는 오늘 감자를 캐서 감자
피자를 만들어 먹을 거랍니다.

어서들 와라. 텃밭 풍경이 지난주하고 또 다르지? 이제는 텃밭에 사람이 있어도 작물에 가려서 잘 안 보일 정도야. 대신 매주마다 열매채소를 어마어마하게 수확할 수 있어. 이리 와 봐. 지난 수업 시간에 열매채소를 싹 수확했는데 그때보다 더 많은 열매들이 주렁주렁 매달려 있잖아. 다음 달이 되면 너희들 입에서 토마토와 참외가 지겹다는 소리가 나올지도 몰라. 우린 그걸 행복한 투정이라고 하지.

하지만 모기도 장난 아니게 많아. 모기 이야기가 나오니까 다들 겁먹은 표정이네. 하하, 걱정할 필요 없어. 텃밭에는 천연 모기약이 있으니까. 쑥이나 쇠비름, 애기똥풀을 돌로 찧어서 벌레 물린 데에 발라 주면 싹 가라앉아. 토마토를 으깨서 그 즙을 바르기만 해도 모기가 덜 달려들어.

감자를 수확해 보자

자, 오늘은 너희들이 심은 감자를 수확할 거야. 감자는 춘분에 심어서 하지에 수확해. 그래서 '하지 감자'라고 하는 거야. 그런데 감자는 왜 하지에 캐는 걸까? 하지가 되면 감자가 충분히 자라니까? 그래, 그 말도 맞아. 그런데 그것보다 더 정확하게 말하자면 하지가 지나면 장마가 시작되기 때문이야. 장마철에는 비가 엄청 오기 때문에 잘못하면 감자가 썩어 버리거든.

그럼 각자 호미를 들고 감자를 캐 볼까? 감자를 캘 때는 감자가 호미에 찍히지 않도록 조심해야 해. 감자에 상처를 내지 않고 캘 수 있는 가장 좋은 방법은 두둑 바깥쪽부터 안쪽으로 파 나가는 거야. 그럼 호미질을 할 때마다 감자가 보이기 때문에 상처를 내지 않을 수 있어. 자, 그럼 지금부터 수확 시작!

이야, 감자들이 마구 쏟아지는구나. 어때, 굉장하지? 우와, 그 감자는 너희 머리만 한데. 어때, 봄 농사의 하이라이트는 뭐니 뭐니 해도 감자야.

정말 신기하지 않니? 우린 심어 놓기만 하고 별로 한 일도 없는데 이렇게 많은 감자를 수확할 수 있다는 사실이 말이야. 그러니까 우리는 수확할 때마다 자연에게 감사해야 해. 물론 감자를 잘 키운 너희들도 대단한 거야. 봄부터 지금까지 구슬땀 흘려 가며 정말 열심히 돌봤잖아. 김도 매고, 낙엽 멀칭도 하고, 가뭄 때 물도 대고, 웃거름도 두 번 주고. 그러니까 자부심을 가져도 돼.

자, 수확한 감자를 한곳에 모으자. 이야, 정말 많은데? 감자를 다 모았으면 감자 줄기를 땅속에 묻자. 그러면 무당벌레 알과 애벌레가 다른 밭으로 옮겨 가는 것도 막을 수 있고 그 자체가 거름이 되거든.

수확이 끝난 감자밭도 알뜰하게 활용할 수 있어. 수확이 끝나면 감자밭에 낙엽을 두껍게 덮어 두었다가 8월 하순에 김장 농사를 짓는 거야. 그러니 두 달 동안 밭을 묵히는 걸 아깝다 생각하지 말고 땅이 휴식을 취하고 있다고 생각하는 게 좋겠지?

먹으면 죽는 음식이 있다?

너희들이 키워서 수확한 감자는 어떤 맛일지 궁금하지 않니? 장담하는데 이제껏 너희들이 먹어 온 감자하고는 확연히 다를 거다. 감자를 싫어하던 내 친구도 내가 키운 감자를 한

번 먹어 보더니 홀딱 반해서 그다음부터는 유기농 감자만 먹어. 못 믿겠으면 저번에 먹은 토마토를 생각해 봐. 얼마나 맛있었니? 상추만 해도 시장에서 사 먹는 것하고는 비교 자체가 안 되잖아.

자연은 자연을 거스르지 않고 농사를 짓는 사람에게 훨씬 건강하고 맛있는 밥상을 선물처럼 차려 줘. 현대인들이 앓는 병은 대부분 음식에서 영향을 가장 크게 받아. 아토피를 심하게 앓는 사람도 건강한 음식을 먹으면 병을 고칠 수 있어. 고등학교에 다니는 우리 딸은 지금까지 감기에 다섯 번쯤 걸렸는데 하루 이틀이면 다 나았어. 왜냐하면 어려서부터 내가 키운 유기농 채소만 먹어 왔거든. 그리고 우리 집에는 화학조미료가 아예 없어. 그리고 인스턴트 음식도 되도록 먹지 않으려고 노력해.

난 농약이나 화학 비료로 키운 채소보다 화학 첨가물이 훨씬 해롭다고 생각해. 물론 살아가면서 인스턴트 음식이나 화학 첨가물이 들어간 음식을 아예 먹지 않는 건 불가능에 가까워. 그렇지만 화학 첨가물이 얼마나 우리 몸에 해로운지 안다면 먹지 않으려고 노력하는 게 좋지 않을까. 백날 유기농으로 농사지으면 뭐 해. 화학 첨가물이 들어간 음식을 먹으면 도로 아미타불이야.

집에 가서 화학 첨가물에 대해서 검색해 봐. 이건 정말 중요한 공부야. 먹는 것에 대해서 꾸준히 공부하면 우리는 누구나 자신의 건강을 지키는 의사가 될 수 있어.

◆ 천연 모기약 만드는 방법

1. 오렌지를 이용하기

- 오렌지 껍질을 바싹 말려 태우면 천연 모기향이 된다.
- 오렌지 과즙을 팔다리에 바르면 모기에 물리는 것을 상당 부분 예방할 수 있다.

2. 맥주를 이용하기

- 맥주 2컵, 구강 청정제 1컵, 소금 1숟갈을 잘 섞은 다음 스프레이 통에 담아서 팔이나 다리, 목 주변에 뿌리면 모기가 접근하지 않는다.

3. 마늘을 이용하기

- 마늘에는 황 성분이 들어 있는데 모기는 이 황 성분을 매우 싫어한다. 마늘을 편으로 썰거나 갈아서 모기가 들어올 만한 곳에 놓아두면 모기가 집 안으로 들어오는 걸 예방할 수 있다.

4. 페트병으로 모기약 만들기

- 페트병 윗부분을 잘라 내고 뚜껑을 연 뒤 거꾸로 뒤집어서 병 입구를 테이프로 붙인다. 페트병 겉면에 검정 비닐이나 검은색 종이를 붙여 준다.
  베이킹파우더 2숟갈, 설탕 2숟갈, 뜨거운 물 1컵을 섞어서 완전히 녹을 때까지 저어 준 뒤 페트병에 부어 준다. 이 모기약은 열흘 동안 사용할 수 있다.

◆ 우리가 모르고 먹어 온 화학 첨가물

우리가 일상적으로 먹고 있는 음식에는 단맛을 내는 감미료, 색을 내는 착색료, 부푼 상태를 유지하게 하는 팽창제, 상하는 걸 방지하는 방부제, 흰색을 내는 표백제, 그리고 감칠맛을 내는 조미료 등 수많은 식품 화학 첨가물이 들어 있다. 우리가 가장 많이 먹는 음식들에는 어떤 화학 첨가물이 들어 있는지 알아보자.

청량음료
청량음료에 공통적으로 들어 있는 재료로는 주요 원료 말고도 구연산, 백설탕, 사과산, 여러 가지 착색료가 있다. 여기에 합성 보존료와 산화 방지제가 추가로 들어 있다.

라면
'무(無)방부제'라고 표시해 놓은 극히 일부를 제외한 모든 라면에는 방부제가 들어 있다. 또 모든 라면 스프에는 화학조미료인 글루타민산나트륨(MSG)이 들어 있는데 잘못하면 천식이나 현기증을 일으키기도 한다.

어묵
'무(無)방부제'를 표방하는 몇 제품을 빼고는 거의 모든 제품에 방부제(소르빈산칼륨)가 들어 있다. 방부제를 과하게 섭취할 경우에는 암을 일으킬 수 있다.

아이스크림
아이스크림에는 위험한 화학 물질이 우리의 몸속으로 더 잘 흡수되도록 돕는 유화제와 안정제, 알레르기의 원인으로 추정되는 인공 감미료와 착색제 등이 들어 있다.

감자피자(15인분)

재료 감자 20개, 양파 10개, 방울토마토 50개, 가지 10개, 모차렐라치즈, 토마토소스(또는 케첩 1병), 햄이나 베이컨 1봉지

1 감자 껍질을 벗긴 후 얇게 채를 썬다.

2 채 썬 감자를 프라이팬에 바닥이 보이지 않을 정도로 골고루 깔아 준다.

3 2에 양파를 잘게 썰어서 골고루 뿌려 준다.

4 방울토마토를 3~4조각으로 편을 썰어서 올려 준다.

5 가지도 얇게 썰어서 올려 준다.

6 토마토소스(케첩)를 프라이팬에 깐 채소들 위에 골고루 발라 준다.

7 토마토소스 위에 모차렐라치즈를 넉넉히 뿌린다.

8 프라이팬의 뚜껑을 덮고 치즈가 충분히 녹고 채소가 익을 때까지 5분 동안 약불로 가열한다.

일곱 번째 농부 일기

나눔의
경제학

감자의 가치

감자로 만든 피자 정말 맛있지? 너희들이 직접 키우고 수확한 것이라서 더욱 맛있었을 거야. 게다가 우리가 만들어 먹은 음식은 화학 첨가물이 들어가지 않은 100% 유기농 음식이니까 건강에도 좋겠지?

자, 그러면 각자 자기가 수확한 감자를 어떻게 할지 말해 볼까? 엄마한테 자랑할 거라고? 물론 자랑해야지. 너희들이 정말 잘 키웠으니까. 이웃들과 나눠 먹는다고? 참 아름다운 마음이구나. 팔겠다고? 그래, 잘만 팔면 용돈을 벌 수 있겠네.

이왕 말이 나온 김에 오늘은 경제에 대해서 함께 생각해 보려고 해. 우리가 살고 있는 사회는 자본주의 사회야. 자본주의 사회는 물건을 사고파는 것을 기본 활동으로 굴러가는 사회지. 이렇게 사고팔 수 있는 물건을 상품이라고 말해. 그러니까 자본주의 경제는 한마디로 상품 경제라고 말할 수 있겠다.

그런데 모든 물건을 사고팔 수는 없어. 소비자가 사고 싶어하는 상품만 판매할 수 있지. 물건이 아무리 유용해도 소비자가 원하지 않으면 팔 수가 없어. 그래서 상품이 되려면 사용 가치가 중요한 것이 아니라, 돈과 바꿀 수 있는 교환 가치가 중요한 거야. 교환 가치가 없는 물건은 상품이 될 수 없어.

그러면 우리가 직접 수확한 감자는 교환 가치가 있을까? 대형 마트에 있는 감자와 비교해 보자. 대형 마트에서 파는 감자는 크기가 일정한데, 우리가 키운 감자는 크기가 제각각이지. 너무 작은 것은 팔 수가 없어. 그리고 대형 마트에서는 3kg에 만 원인데, 우리가 수확한 감자 중에서 팔 수 있는 것만 고르면 몇 kg이나 될까? 한 2kg쯤 되겠구나. 그러면 7천 원 정도에 팔 수 있을까? 설령 팔 수 있다고 해도 반년 넘게 땀 흘려 키운 감자를 7천 원에 팔아야 한다면 너무 아깝지 않니?

농작물이 제값에 팔리는 사회를 꿈꾼다

그런데 사실 농부들은 그보다 훨씬 싼 가격에 감자를 팔고 있단다. 대형 마트에서 감자를 만 원에 팔려면 농부에게는 3

천 원 정도에 사들여. 감자가 풍년이 들면 그보다 더 싼 가격으로 사들이기도 하지.

땀 흘려 애써 가며 지은 농작물이 헐값에 팔리면 농부들의 걱정이 늘어나겠지. 게다가 팔리는 가격이 원래 재룟값과 비룟값, 인건비를 더한 비용보다 적다면 팔아도 결국 손해를 보기도 해. 혹시 TV에서 농부들이 다 키워 놓은 배추를 트랙터로 갈아엎는 장면을 본 적 있니? 농민들이 그런 행동을 한 이유는 배추를 팔아 봐야 생산비도 나오지 않기 때문이야. 정말 눈물겨운 장면이지.

그러니까 우리가 물건을 살 때, 무조건 싼값에 사는 것보다 제값을 주고 사는 게 중요한 거야. 특히 농작물 같은 상품은 쉽게 상하기 때문에 제때 제값에 못 팔면 손해를 보기 십상이지. 그래서 농부들이 농작물을 팔 때 손해를 보지 않도록 나라에서 특별히 관리를 해야 해. 도시에 사는 사람만 좋은 경제가 아니라, 농촌에 사는 농부들에게도 좋은 경제 정책을 펼쳐야 하는 거지.

돈으로 사고팔 수 없는 것들의 가치

그런데 말이야. 감자는 돈으로 바꿀 수 있는 교환 가치가 있지만, 정작 돈으로 바꿀 수 없는 것들은 아무 가치가 없는 것일까? 예를 들어 가정에서 엄마가 하는 가사 노동은 돈을 지급하지 않기 때문에 교환 가치는 없어. 그렇다고 엄마의 가사 노동이 가치가 없을까? 친구들과의 우정은? 가난한 사람에게 베푸는 자선은? 이웃 사람들과 나누는 친절은? 모두 돈으로 바꿀 수 없으니까 교환 가치는 없어. 하지만 정작 사회가 유지되려면 이런 활동들은 반드시 필요해.

그러니까 아무리 자본주의 사회라고 하더라도 돈으로 사고팔 수 없는 소중한 것들은 얼마든지 있어. 아니, 돈보다 더 소중한 것일지도 몰라. 그런데 자본주의 사회에 살다 보면 돈과 바꿀 수 없는 것들을 경시하는 경우가 많이 생겨. 사랑이나 우정이나 친절 같은 소중한 가치들은 돈과 교환되지 않기 때문에 경시되고, 사람의 능력도 결국 돈을 벌 수 있느냐 없느냐로 측정되고 말이야. 만약에 이 세상 모든 것들의 가치가 이렇게 돈으로만 측정된다면 아마도 우리 사회는 더욱 삭막해질 거야.

오늘날 우리 사회는 부자는 더욱 부자가 되고, 가난한 사람은 점점 가난해지는 각박한 사회가 되고 있어. 자신에게 이익이 되는 일이 아니면 결코 하지 않으려는 인정 없는 사회이기도 하지. 이런 사회일수록 서로 나누고 도와주는 경제가 필요하지 않을까?

오늘 내 얘기는 여기까지야. 너희들이 오늘 수확한 감자를 어떻게 할지는 스스로 결정하도록 해. 지금까지 나누라고 이야기해 놓고 스스로 결정하라고 말하니까 조금 마음에 찔리네. 지혜로운 너희들이 알아서 잘 결정할 거라고 믿는다.

8

여름 농사 중에
최고,
김매기

소서
小暑

대서
大暑

7월에는 소서(7월 7일 무렵)와 대서(7월 23일
무렵)가 있어요. 소서에는 장마가 본격적으로 시
작되고 대서는 1년 중 가장 더워요. 이 시기에는
풀이 맹렬한 기세로 자라나기 때문에 농부들은
이때가 가장 힘들어요. 우리는 오늘 김을 매고
배추 모종을 만들고, 토마토케첩을 만들 거예요.

어서들 와라. 아직 열 시밖에 안 됐는데 더위가 아주 사람 잡겠다. 이래서 대서에는 염소 뿔이 녹아내린다는 말이 생겼나 봐. 오늘은 밖이 너무 뜨거우니까 쉬엄쉬엄 쉬어가면서 일해야겠다.

저기 텃밭 좀 봐. 작물들이 어마무시하게 컸지? 풀도 살벌하게 자랐고. 이래서 처음 텃밭 농사를 시작하는 사람들은 장마가 끝나면 대부분 농사를 포기해. 2주만 텃밭에 안 나와도 풀들이 가슴팍까지 자라거든.

그러니까 몇 천 평씩 농사짓는 농부들은 얼마나 힘들겠니. 농부들은 여름이 되면 새벽 네 시부터 일을 시작해. 한낮에는 너무 뜨거워서 잘못하면 쓰러지거든. 그래서 한낮에는 집에서 낮잠을 자다가 오후 네 시가 넘으면 다시 밭에 나와서 해 질 때까지 땀을 뻘뻘 흘려 가며 일을 해. 그러니까 우리들은 뭘 먹을 때마다 농부들에게 정말 감사해야 해. 음식을 남겨서도 안 되겠지. 우리가 먹는 음식은 농부의 피와 땀이니까.

김매기를 해 보자

낙엽 멀칭을 했는데도 풀이 엄청 많이 올라왔지? 이래서 사람들이 풀을 잡초라고 부르면서 적대시하는 거야. 그리고 풀이 자랄 수 없도록 땅에 검은색 비닐을 치고 제초제를 뿌리는 거지.

너희들 제초제가 뭔지 아니? 베트남 전쟁 때 미군이 정글에 있는 풀을 없애기 위해서 뿌린 고엽제가 바로 제초제야. 이게 얼마나 위험한 독극물이냐면 미군이 헬기로 제초제를 뿌렸을 때 거기에 노출된 군인들은 시름시름 앓다가 결국 죽었어. 살아남은 사람들은 평생 극심한 후유증에 시달렸지. 그 후유증의 고통을 참지 못하고 자살한 사람도 많아.

그런데 지금 농민들이 쓰는 제초제는 그 독성이 베트남 전쟁 때 썼던 것보다 열 배나 강해졌어. 풀들이 살아남기 위해서 진화에 진화를 거듭하다 보니 더욱 강해진 거지. 인간은 절대로 풀들을 이길 수 없다는 이야기야. 난 너희들만큼은 풀을 적대시하지 않았으면 좋겠어.

텃밭의 원래 주인은 사람이 아니라 풀이야. 자연은 맨흙이 드러나면 생명력이 가장 강한 풀부터 키워. 흙을 살리기 위해서 자연이 엄청 바쁘게 일하는 거지. 그렇게 열심히 풀을 키워서 흙이 건강해지면 자연은 이제 작은 나무를 키우기 시작해. 그럼 풀들의 위세가 조금씩 약해져. 왜냐하면 풀은 기름진 흙에서는 잘 자라지 못하거든. 자연은 작은 나무들이 점점 많아지면 그때부터 큰 나무들을 키우기 시작하면서 숲을 만들어. 그게 바로 자연이 일하는 방식이야.

우리는 지금부터 김매기를 할 건데, 여기서 김을 맨다는 것은 풀을 뿌리째 뽑는 게 아니라 자른다는 의미야. 우리 조상님들은 풀을 뽑지 않고 잘랐어. 풀뿌리가 땅속에서 어떤 일을 하는지 잘 알고 계셨던 거지. 그리고 풀이 이렇게 컸을 때 함부로 뽑아내면 작물의 뿌리가 다칠 수도 있어. 풀뿌리와 작물의 뿌리는 유기적으로 연결되어 있거든.

그래서 장마철부터는 낫이 진가를 발휘하기 시작해. 하지만 낫을 사용할 때는 정말 조심해야 해. 숙달된 농부들도 낫질을 하다가 아차 실수하면 크게 다칠 수 있거든. 그래서 낫질을 할 때는 절대로 서두르면 안 돼.

그리고 낮질하기 전에는 낫이 잘 들도록 숫돌에 날을 잘 갈아 놓아야 해. 낫이 잘 들지 않으면 풀을 자를 때 힘이 들어가서 다치기 쉽거든. 참, 숫돌에 낫을 갈 때는 꼭 주변 어른들에게 도움을 청하자.

낮질을 할 때는 풀에 낫을 대고 손목의 스냅을 이용해서 부드럽게 자르는 거야. 되도록 날을 흙바닥 가까이에 대고 풀을 자르는 것이 중요해. 절대로 풀을 당기면서 자르면 안 돼. 그럼 내가 시범을 보일 테니까 그대로 따라해 보자.

흙을 살리는 일등 공신, 풀

여기서 질문 하나 할게. 풀을 살려 두면 작물에게 해로울까, 이로울까?

놀랍게도 비가 오고 난 뒤 풀을 살려 둔 고랑과 두둑에는 수분이 훨씬 오래 보존된단다. 풀을 뿌리째 뽑아냈으니 작물이 물을 맘껏 먹을 수 있어서 좋을 것 같지만 실제로는 밭 전체에 있던 물기가 금세 증발해 버려. 하지만 풀이 살아 있는 밭에는 풀뿌리들이 물을 머금고 있기 때문에 물기가 밭 전체에 오랫동안 유지되면서 작물에게까지 전해진단다. 왜일까? 풀뿌리들과 작물의 뿌리는 땅속에서 그물처럼 연결되어 있어서 광합성으로 만든 포도당뿐만 아니라 수분과 땅속에 있는 양분도 서로 나누기 때문이야.

풀뿌리들은 흙 속에서 공기와 물이 통하는 길을 만들어 주기도 해. 손으로 뽑았건, 제초제로 말살을 시켰건 풀이 없으면 흙이 금세 단단해져서 숨 쉬는 게 훨씬 어려워져.

게다가 풀은 수많은 벌레와 미생물들의 안식처가 되어 줘. 풀뿌리가 살아 있으면 주변에 있는 미생물과 벌레들이 풍부해져서 땅속 생태계가 굉장히 건강해진단다. 벌레가 많아지면 작물이 피해를 입을 것 같지? 전혀 걱정할 필요 없어. 흙이 건강해지면 해충보다 익충이 열 배는 많아지니까. 그리고 벌레가 많아지면 작물의 면역력도 좋아져서 웬만한 병충해쯤은 거뜬히 이겨 낼 수 있거든.

풀과 같이 자란 작물은 그렇지 않은 작물보다 훨씬 맛있는 열매를 맺어. 왜 그럴까? 풀부터 나무까지 모든 식물의 뿌리에는 균사체라는 것이 붙어 자라나. 눈에도 잘 보이지 않는 거미줄보다도 가느다란 선들이 사방팔방으로 뻗어 나가는데 그 면적을 합치면 뿌리 면적의 열 배가 넘어. 그리고 작물의 뿌리가 도달할 수 없는 아주 깊은 곳까지 뻗어 나가서 인이나 망간같은 미량 요소들을 빨아들이는데, 그렇게 빨아들인 영양분을 작물과 똑같이 나눠 먹는 거야. 균사체는 이렇게 우리가 키운 열매의 맛을 아주 풍성하게 만들어 줘.

이 정도만 해도 왜 풀이 흙을 살리는 일등 공신 중의 하나 인지 알겠지? 난 우리나라 시인들이 예로부터 국민들을 풀에 비유한 이유는 강한 생명력도 생명력이지만 풀의 가치를 꿰뚫어 봤기 때문이라고 생각해. 아마 풀이 없었다면 인류는 물론이고 동물들도 생존할 수 없었을 거야. 사실 우리가 키우는 작물들도 다 풀이라고 할 수 있어. 그냥 편의상 농사짓는 풀은 작물이라고 부르고 자연이 키운 풀은 잡초라고 부르는 것 뿐이지.

앞으로 김을 맬 때는 풀의 뿌리를 살려 봐. 그러면 그 풀과 더 많은 이야기를 나눌 수 있을 거야.

배추 모종을 만들어 보자

그럼 지금부터 배추 모종을 만들어 볼까. 그냥 사다 쓰면 안 되냐고? 물론 그럴 수도 있어. 그런데 그러면 재미없잖아.

사실 모종 키우는 건 하나도 어렵지 않아. 그런데도 사람들은 모종은 사야만 하는 거라고 생각해. 누구나 모종을 키울 수 있다는 발상을 못하는 거지. 이렇게 소비에 익숙해지면 사람들은 생산할 수 있는 능력을 키울 기회를 놓쳐 버리는 거야.

김치를 예로 들어 볼까. 옛날에는 누구나 김치를 담글 줄 알았어. 그런데 지금은 많은 사람들이 김치는 엄마가 담가 주거나 마트에서 사서 먹는 걸로 생각해. 된장이나 고추장도 마찬가지야. 음식 맛이 장맛이라는 말이 생겨난 이유는 집집마다 된장과 고추장을 직접 담가 먹었기 때문이야. 식초와 간장도 직접 만들어 먹었어. 그래서 모든 집에는 장독대가 있었지. 하지만 요즘은 그런 집이 거의 없어. 직접 해 보면 그다지 어렵지 않은데도 고개를 내저으면서 엄두조차 못내.

너희들이 텃밭에서 매번 음식을 만들어 먹는 가장 큰 이유는 너희들 몸에 내재되어 있는 능력을 깨닫기 위해서야. 우리는 다음 달에 김장 농사를 짓고 직접 김치도 담글 거야. 상상해 봐. 너희들이 직접 김장을 하다니 근사하지 않니? 김장을 해 보고 나면 김치를 담그는 게 별거 아니라고 생각하게 될 거야.

그리고 생산적인 사고를 자꾸 하다 보면 상상력이 점점 커져. 내 주변에는 자기가 살 집을 직접 지은 사람들이 여럿 있어. 그리고 가족들이 입는 옷을 직접 만드는 사람들도 있지. 그건 너희들도 할 수 있어. 우리는 원래 그런 사람들이야. 단지 그 사실을 모르고 살아가는 거지. 그러니까 앞으로는 사다 쓰면 안 되느냐는 말은 되도록 하지 말고 내 손으로 직접 해 보려고 노력했으면 좋겠어.

토마토케첩과 샌드위치를 만들어 먹자

푹푹 찌는 날에 일하느라 다들 고생 많았다. 다들 배고프지? 그럼 지금부터 겁나게 맛있는 샌드위치를 만들어 먹자.

각자 텃밭에 가서 자기 입맛대로 채소를 수확해 볼까? 당근이랑 양상추는 저번에 수확해서 냉장고에 보관해 두었으니 그걸 사용하면 되고, 햄이랑 달걀도 준비해 뒀으니까 최대한 상상력을 발휘해서 각자 자신만의 명품 샌드위치를 만들어 보는 거야.

아, 토마토케첩은 우리가 직접 만들 거야. 자식들, 놀라긴. 토마토케첩 만드는 방법은 엄청 쉬워. 너희들이 케첩을 직접 만들어서 먹어 보면 그 맛에 깜짝 놀랄걸. 우선 토마토부터 마트에서 파는 것과는 질적으로 다르잖아. 우리가 사다 먹는 토마토는 대부분 하우스에서 비닐 씌우고 화학 비료와 농약을 줘서 키운 거지만 우리는 텃밭에서 완전 유기농으로 키웠잖아. 무엇보다 화학 첨가물이 안 들어가서 맛이 아주 깔끔하고 개운해.

요즘은 인터넷이 있으니 얼마나 좋아. 인터넷을 잘 활용하면 우린 살아가는 데 필요한 것들을 대부분 직접 만들 수 있어. 너희들이 좋아하는 마요네즈나 버터도 생각보다 만들기 쉬워. 잼도 마찬가지고. 그럼 어디 시작해 볼까.

농사 더하기+

◆ 배추 모종 키우는 방법

준비물	배추씨, 50구짜리 모종 트레이, 모판흙, 한랭사(모기장), 50cm 정도의 막대기(또는 굵은 철사) 4~8개

1 모종 트레이를 모판흙으로 가득 채우고 적당히 눌러 준다. 그런 다음 각각의 칸 중앙에 볼펜이나 십자드라이버로 0.5cm 깊이의 구멍을 만들어 준다.

2 구멍마다 배추씨를 한 알씩 넣고 살살 덮어 준 후 물을 뿌려 준다. 배추씨는 발아율이 95% 이상이라 한 구에 한 알씩 넣으면 된다.

3 벌레가 많이 꼬이는 것을 막기 위해 모종판 개수에 맞게 적당한 간격으로 막대기나 굵은 철사를 박고 한랭사를 씌운다. 벌레가 들어갈 수 없도록 한랭사 밑부분을 흙으로 꼼꼼하게 눌러 준다.

4 하루에 한 번(아침 혹은 해질녘) 물을 흠뻑 준다. 조금씩 자주 주는 것은 금물이다.

5 씨를 심고 2~3일 정도가 지나면 쌍떡잎이 나온다. 10~12일이 지나면 본잎이 2개 정도 나오고 20~25일 정도 지나면 본잎이 4~5개가 된다.

6 8월 하순이나 9월 초에 텃밭에 옮겨 심는다. 단, 옮겨 심기 7~10일 전에 밭을 미리 만들어 두는 게 좋다.

• 배추씨는 속이 노랗고 아삭아삭해서 김장 배추로 적합한 '불암 3호'나 '추노' 씨앗을 준비하는 게 좋다.

• 배추씨 파종은 7월 하순부터 하면 된다. 배추 모종은 20~25일 동안 키우므로 밭에 옮겨 심을 날짜를 계산해서 파종 시기를 결정한다.

토마토케첩

재료 토마토 20개, 사과 3개, 양파 2개, 레몬 1개, 얼음물, 전분물 적당량

---

1 토마토를 깨끗이 씻고 열십자 모양(+)으로 칼집을 낸다.

2 끓는 물에 토마토를 30초 정도 데쳐서 건져 내고 얼음물에 집어넣는다. 그럼 토마토 껍질이 저절로 벗겨진다.

3 **2**를 손으로 으깨서 손질한 사과와 양파를 함께 믹서에 넣고 곱게 간다.

4 두꺼운 냄비에 **3**을 넣고 센 불에 끓인다. 팔팔 끓기 시작하면 레몬을 짜서 즙을 넣은 뒤 중불에서 졸인다. 이때 냄비 바닥에 눌러 붙지 않도록 주걱으로 잘 저어 준다.

5 **4**가 걸쭉해지면 전분물을 넣어 가며 농도를 맞춰 준다. 한소끔 더 끓인 뒤 완성된 케첩을 유리병에 담는다.

※ 식빵에 양배추, 오이, 양상추, 달걀 등을 넣고 직접 만든 토마토케첩을 뿌려 샌드위치로 만들어 먹으면 맛있다.

풀의
생존법

밟아도 밟아도, 뽑아도 뽑아도

이웃 나라 일본에는 별의별 학문이 다 있어. 그중에서도 우리가 잡초라고 부르는 풀들만 연구하는 '잡초학'이 있는데, 그 대표적인 학자가 이나가키 히데히로라는 사람이지. 그의 대표 저서인 《풀들의 전략》은 우리가 들이나 밭에서 흔히 보는 풀 50여종의 생존 전략을 소개하고 있는데, 하나하나가 정말 흥미로워.

우리 밭에서도 흔히 볼 수 있는 쇠뜨기를 예로 들어 볼까. 쇠뜨기는 아주 깊이 뿌리를 뻗는데. 그 덕분에 방사능의 열선을 피할 수 있었고, 제2차 세계 대전이 끝나고 폐허가 된 히로시마에서 가장 먼저 새싹을 틔울 수 있었다는 거야. 어때,

신기하지?

이렇게 뿌리를 깊이 내리는 풀 중에는 나팔꽃하고 비슷하게 생긴 메꽃도 있지. 봄에 밭을 갈 때 하얗게 잔뿌리를 드러냈던 꽃이 바로 메꽃이야. 그 뿌리가 정력에 좋다는 속설이 있어서 동네 아주머니들이 많이 캐 가기도 했어. 이 메꽃은 그 줄기가 잘려도 잘려도 잘려진 줄기에서 다시 뿌리가 나서 퍼져 나가. 정말 엄청난 생존력이지.

또 뭐가 있을까? 그래, 맞아. 우리가 행운의 네 잎을 찾았던 클로버가 있구나. 우리말로는 토끼풀이라고 하지. 토끼풀은 번식력이 대단해. 밟아도 밟아도 죽지 않는 잔디나 민들레는 어떻고. 물 위에서도 자라는 개구리밥도 있고, 뿌리가 뽑혀도 오랫동안 살 수 있는 쇠비름도 있지. 너희들도 경험했겠지만 쇠비름은 아주 낮게 퍼지며 자라기 때문에 쉽사리 눈에 띄지 않아서 엄청난 번식력을 자랑해.

들풀에게 공생과 나눔을 배우자

그러면 우리는 풀들에게서 무엇을 배울 수 있을까?

우리들은 무엇보다 우리 사회에 만연해 있는 경쟁과 성공만 강조하는 분위기에 대해서 반성해야 한다고 생각해. 우리는 늘 경쟁 속에서 살아왔어. 학교에서는 성적 경쟁, 사회에

나가면 성과 경쟁, 소득 경쟁, 누가 더 멋지고 잘생겼나 외모 경쟁……. 경쟁은 항상 상대방을 이기는 것을 목표로 삼지. 그리고 상대방을 이기고 더 높은 자리에 올라가고, 더 많은 돈을 버는 것을 성공이라고 말해 왔어. 마치 메타세쿼이아처럼 높게만 높게만 자라려고 했지. 그래서 다른 것들 위에 군림하는 삶을 살도록 말이야.

하지만 들풀들은 그것과는 다른 방식으로 멋지게 생존하고 있어. 더 높은 곳에 오르려 하기보다는 더 낮게 더 깊게 자라려고 노력해. 위로만 솟으려 하지 않고, 옆으로 옆으로 뻗어 나가고 아래로 아래로 파고들지. 그래서 땅을 살리고, 땅속의 생명들을 살리고, 땅 위에서 사는 생명들도 돌보는 역할을 해. 이런 삶을 뭐라고 표현할 수 있을까? 공존과 공생, 연대와 나눔이라고 말하고 싶어.

들풀처럼 옆으로 가지를 뻗고, 낮은 자세로 살아가는 생존 전략은 보기에는 초라해 보일지 몰라도, 건강하고 튼튼한 방법이야. 실속 없이 덩치만 키우는 전략보다는 작지만 내실 있는 들풀이 더욱 오래 살아남는 법이지. 태풍이 불면 커다란 나무들은 가지가 부러지고 결국 뿌리째 뽑히기도 하지만, 낮게 자라는 들풀들은 아무리 거대한 광풍이 몰아쳐도 부러지지 않고 살아갈 수 있어.

그리고 들풀은 자신에게 주어진 환경에 맞춰서 다양한 방법으로 생존 전략을 구사해. 원자 폭탄에도 죽지 않는 쇠뜨기처럼 아주 깊게 뿌리를 내리기도 하고, 가지가 잘려도 다시 뿌리를 내리는 메꽃처럼 쉽게 좌절하지 않고, 땅을 찾을 수 없을 때에는 물 위에 떠다니는 개구리밥처럼 유연하게 살아가지.

아무리 힘들어도 자신이 처한 곳에서 끝끝내 뿌리를 내리고 오랜 기간 동안 번식하는 들풀처럼 우리도 어떠한 환경에서도 멋지고 건강하게 지내보자. 밟아도 밟아도 더욱 푸르게 자라는 잔디처럼 우리도 더욱 푸르게 살아 보자.

9

김장
농사짓기
딱 좋은 날

입추
立秋

처서
處暑

입추(8월 8일 무렵)는 가을이 시작되는 날입니다. 이후에 모기도 입이 삐뚤어진다는 처서(8월 23일 무렵)가 찾아와요. 처서가 지나면 지긋지긋한 김매기가 끝나요. 그래서 농부들은 처서가 끝나면 호미를 깨끗이 씻어서 벽에 걸어 두는 호미씻이를 한답니다. 오늘은 김장 농사를 짓고, 가지전을 만들 거예요.

　여름 내내 농사짓느라 고생 많았다. 이제부터는 아침저녁으로 선선해서 더위 때문에 고생할 일은 없을 거야. 그리고 저기 풀들 좀 봐. 조금 시들시들하지? 이제부터는 풀들이 맥을 못 춰. 다시 말하면 이제 슬금슬금 놀면서 농사를 지을 수 있다는 이야기지. 그래서 "어정 7월 건들 8월"이라는 속담이 생긴 거야.

　실제로 오늘 김장 농사를 짓고 나면 텃밭에서 딱히 할 일이 없어. 그냥 건들건들 놀면서 수확이나 하면 돼. 어때, 좋지? 뭐라고, 그래도 저기 땅콩밭의 풀은 잘라 줘야 하지 않느냐고? 어허, 모르는 소리! 다른 밭하고는 달리 땅콩밭은 8월부터는 풀이 자라도록 그냥 내버려 둬야 해. 안 그러면 까치가 와서 땅콩을 막 캐 먹거든. 그런데 고랑에 풀이 무성하게 있으면 까치가 땅콩을 캐 먹을 수가 없겠지?

김장 농사를 지어 보자

얘들아, 너희들이 키운 모종 많이 자랐지? 양배추 모종도 아주 잘 컸네. 거봐, 직접 모종을 키우니까 얼마나 뿌듯하니? 이래서 직접 할 수 있는 건 남한테 의지하지 말고 스스로 해결하는 게 좋아. 먼저 오늘 우리가 할 일을 정리해 보자.

우린 오늘 김장 농사를 지을 건데 먼저 감자를 수확하고 비워 두었던 밭에 퇴비를 뿌려서 새로운 밭을 만들어야 해. 그런 다음 배추 모종을 옮겨 심고 쪽파 농사를 지을 거야. 김장 무하고 총각무랑 김치 양념으로 쓸 갓 씨앗도 파종할 거고. 그리고 상추도 다시 파종할 거야. 채소는 가을에 키운 게 훨씬 맛있어. "가을 상추는 시아버지가 방문을 걸어 잠그고 먹는다."라는 옛말이 생긴 데는 다 이유가 있는 거야.

그럼 밭부터 만들어 볼까. 날이 뜨거워서 밭 만드는 일이 고되겠지만 다 함께 힘을 합치면 생각보다 빨리 끝낼 수 있을 거야. 김장 채소는 거름을 많이 먹기 때문에 밑거름을 넉넉히 넣어 주는 게 좋아. 퇴비를 뿌리기 전에 우선 풀부터 걷어 내

자. 묵혀 둔 밭에 나 있는 풀을 걷어 낼 때는 낫으로 밑동을 잘라 낸 다음 쇠스랑이나 삽으로 흙을 뒤집어 주는 게 최선이야. 왜냐하면 풀뿌리들이 어마어마하게 뒤엉켜 있거든.

이야, 다들 낫질과 쇠스랑질이 예술인데. 이제 퇴비를 뿌리고 쇠갈퀴로 흙과 잘 섞어 준 뒤에 두둑을 평평하게 펴 주기만 하면 돼. 그렇지. 그럼 지금부터 배추 모종을 심어 보자.

배추 모종은 지금은 이렇게 조그맣지만 다 자라면 굉장히 커. 그래서 배추 모종을 심을 때는 간격을 넓게 잡아야 해. 두둑 폭이 90cm 정도면 될 거야. 어떤 사람들은 폭 간격을 30cm도 안 될 정도로 조밀하게 심는데 그러면 배추가 제대로 크지도 못할 뿐더러 병해충에 시달려. 그럼 이제 호미로 구멍을 파서 물을 가득 채운 다음에 모종을 심어 보자. 모종 심는 건 이제 다들 선수네. 퇴비를 넉넉히 넣어 주는 것도 잊지 않았구나.

이제 김장무하고 총각무 씨앗을 뿌려 보자. 김장무도 배추밭과 똑같이 두둑을 만든 다음 30cm 간격으로 살짝 구멍을 파서 씨앗을 세 개씩 묻어 주면 돼. 구멍을 낼 때 가장 좋은 방법은 손가락 세 개를 가볍게 오므려서 흙 위에 콕 찍는 거야. 그럼 구멍이 세 개 생기잖아. 거기에 씨앗을 하나씩 넣어 준 다음 흙을 덮어 주면 돼. 그리고 나서 물뿌리개로 그 위에 물을 뿌려 주는데, 이때 물줄기 때문에 흙이 파여서 씨앗이 밖으로 드러나지 않도록 조심해야 해.

참, 무는 새싹을 솎는 게 중요해. 떡잎이 올라오고 본잎이 3~4장 나왔을 때는 가장 작은 싹을 뽑아내고, 나중에 본잎이 5~6장 나오면 싹 하나만 남겨 두고 모두 뽑아내는 거야. 무 싹을 뽑아내고 생긴 구멍은 다시 잘 메워 주는 걸 잊지 마.

총각무도 호미를 사용해서 두둑 위에 20cm 간격으로 얕게 골을 파준 다음 5~10cm마다 씨앗을 하나씩 떨어뜨린다는 기분으로 줄뿌림을 한 뒤 흙을 덮어 주면 돼. 일정한 간격으로 줄뿌림을 하는 게 어렵다면 그냥 씨앗을 하나씩 집어서 놓는 것도 방법이야. 역시 물을 줄 때는 씨앗이 드러나지 않도록 조심해야 해.

갓 농사도 총각무 농사짓는 거랑 똑같아. 다만 갓이 자랄 때 10~15cm 간격으로 하나만 남겨 두고 모두 솎아 주는 것만 잊지 마.

이제 쪽파 농사를 지어 보자. 쪽파를 심을 때는 호미나 괭이를 사용해서 20cm 간격을 두고 10cm 깊이로 골을 내. 그런 다음 쪽파 종구를 뿌리 부분이 밑으로 향하도록 서너 개씩 잡고서 10cm마다 흙 속으로 꾹꾹 눌러 준 다음 흙을 덮는 거야.

자, 김장 농사 다 지었다. 어때, 힘들지? 그래도 너희들이 농사지은 김장 채소로 김치를 담가서 먹어 보면 엄청 뿌듯할 걸. 다들 지쳤겠지만 조금만 기운 내서 상추씨, 겨자씨 그리고 양상추씨도 파종하자. 썩 내키진 않겠지만 우리가 5분만 움직이면 가을 내내 실컷 쌈을 먹을 수 있어. 삼겹살 구워 먹을 때 상추가 없으면 정말 섭섭하잖아.

우리가 살고 싶은 마을을 그려 보자

김장 농사를 짓느라 다들 고생 많았다. 그럼 지금부터 다섯 명씩 조를 짜서 우리가 살고 싶은 마을은 어떤 마을인지 이야기를 나눠 보고 그 내용을 전지에 그려 볼가?

느닷없이 우리가 살고 싶은 마을 그리기라니, 갑자기 뜬금없지? 하지만 그렇지 않아. 우리가 주로 아파트에서 살다 보니까 마을이 생소하게 느껴지겠지만 사실은 아파트도 마을이야. 서로 모른 척하며 살아가는 사람들이 많지만 모두가 이웃인 거지. 우리는 이웃 없이는 살아갈 수 없어. 서로 무관심해도 그 사실만큼은 변하지 않아.

예를 들어 보자. 도시 사람들이 농부와 어부 그리고 광부의 도움 없이 살아갈 수 있을까? 우리처럼 아파트에 살고 있는 사람들은 셀 수 없이 다양한 직업을 가지고 있어. 누구는 옷을 만들고, 신발을 만들고, 버스나 택시를 몰고, 음식을 만들고, 아이들을 가르치고, 정치를 하고, 환자를 돌보고, 장사를 하고, 건물을 짓지. 우리는 이 모든 사람들의 도움을 받으면서 살고 있는 거야. 이렇게 우리는 마을에 속해 있으면서도 마을을 잃어버린 채 살고 있는 거지.

그래서 세상을 살아가는 게 이렇게 힘든 거야. 우리가 서로를 돌보면서 살아간다면 사는 게 조금은 덜 힘들지도 몰라. 인디언 속담에 "아이 한 명을 키우기 위해서는 마을 하나가 필요하다."라는 말이 있어. 우리가 올바른 사람으로 성장하기 위해서는 반드시 마을이 있어야 한다는 의미야.

아파트도 그곳에 사는 사람들이 어떤 관계를 맺고, 어떤 노력을 기울이느냐에 따라서 얼마든지 훌륭한 마을이 될 수 있어. 그럼 우린 지금보다 훨씬 편하고 행복한 삶을 살 수 있을 거야.

난 사람들이 저마다 다른 꿈을 품고 살아가듯이 자신이 살고 싶은 마을에 대해서도 다양한 꿈을 꾸면서 살아가면 좋겠어. 너희들도 머리를 맞대고 너희들이 살고 싶은 마을을 꿈꾸고 그려 봐.

가지전을 만들어 먹자

어우, 배고프다. 오늘은 오늘 수확한 가지로 전을 만들어 먹자. 아 참, 오늘을 위해 미리 수확해서 냉장고에 보관해 둔 수박도 있다. 열매채소들을 수확해서 요리를 해 먹을 수 있는 건 텃밭 농사를 짓는 사람들만이 누릴 수 있는 특권이야.

아직도 가지 싫어하는 사람 있으면 손들어 봐. 어쭈, 처음에 가지는 싫어한다면서 심지 말자고 다들 난리더니. 어때, 시장에서 사다 먹는 가지하고는 맛의 차원이 다르지? 내가 뭐랬어. 나중에는 모두 가지를 좋아하게 될 거라고 했잖아.

특히 우리처럼 유기농으로 작물을 키우면 맛 차이가 더욱 많이 나. 그리고 우리 방식대로 농사를 지으면 오이 알레르기가 있는 사람도 오이를 먹을 수 있어. 너희들, '기적의 사과'라고 들어 봤니? 일본에 사는 어느 농부가 재배한 사과인데 이 사과는 썩지 않고 그냥 말라 버려. 그리고 사과 알레르기가 있는 사람들도 이 사과는 아주 맛있게 먹을 수 있다고 해. 그 이유는 농법에 있어. 그 농부도 우리랑 거의 똑같은 유기농 방식으로 농사를 짓거든. 우리가 키운 채소들도 저장성이 엄청 뛰어나잖아. 사람들은 상추를 냉장고에 한 달 동안 보관해도 상하지 않는다고 하면 믿을 수 없다는 얼굴을 하곤 하지만. 자, 그럼 지금부터 우리가 키운 건강한 채소로 요리를 시작해 볼까?

◆ 김장 농사를 지을 때 알아 두면 좋은 상식

- 배추와 무는 병충해가 심해서 키우기 쉽지 않다. 특히 진딧물 때문에 입는 피해는 심각한 수준이다. 그래서 농사를 지은 뒤 서리가 내리기 전까지 수시로 살펴보아야 한다.

- 벌레 피해가 생기면 천연 농약을 준비해 두었다가 물과 농약을 300 : 1로 희석해서 골고루 살포해 준다. 진딧물 피해가 심각할 때는 천연 농약과 난황유를 함께 사용하면 더욱 큰 효과를 볼 수 있다.

- 배추는 물과 양분을 많이 필요로 하는 작물이다. 일주일이나 2주일에 한 번씩 물을 흠뻑 주면 좋다. 10월 중순부터는 가급적 물을 안 주는 게 좋지만 물을 줄 때는 이른 아침이나 오후 늦게 주는 게 좋다.

- 9월 중순이나 10월 초순에 배추와 무 사이에 구멍을 파서 퇴비를 넣고 흙으로 덮어 주면 도움이 된다. 모아 놓은 오줌이 있으면 퇴비 대신 물과 5 : 1 비율로 희석해서 뿌려 주면 된다.

- 잎채소와 당근은 봄 농사와 똑같이 지으면 된다. 양배추 모종은 배추와 똑같은 간격으로 심는다.

- 천연 농약을 칠 때는 소형 농약 분무기를 사용하면 편리하다. 그리고 천연 농약과 물의 희석 비율을 맞출 때는 주사기를 사용하면 정확하게 계량할 수 있다.

가지전(15인분)

재료 가지 30개, 부침 가루 1봉지, 튀김 가루 1봉지, 물, 양념간장(간장 2컵, 고춧가루 2큰술, 참기름 1/2큰술, 깨소금 1큰술)

1 부침 가루와 튀김 가루를 1 : 1 비율로 섞어서 물을 섞으며 반죽을 한다. 반죽의 농도는 가지에 반죽을 묻혔을 때 흘러내릴 정도가 좋다.

2 가지를 절반으로 자른 뒤 먹기 좋은 두께로 편을 썰어 **1**을 골고루 묻혀 준다.

3 프라이팬에 기름을 두르고 중불에서 **2**를 지진다.

4 양념간장을 만들어 가지전에 곁들인다.

아홉 번째 농부 일기

마을 공동체

도시를 새롭게 바꾸자

우리는 언제부터 마을 만들기에 관심을 갖게 되었을까?

원래 우리나라는 아주 오랫동안 농촌을 중심으로 마을을 형성하고 살았어. 그런데 근대화가 진행되면서 마을 단위로 형성되었던 생활 공동체가 서서히 무너지기 시작했어. 농촌에 살던 사람들이 도시로 가 버리자 농촌 마을은 점점 축소되고, 도시에는 사람들이 넘쳐 났지. 지금 우리나라 인구는 대략 5천만 명이 넘는데, 그중 절반에 해당하는 2천 5백만 명이 서울을 중심으로 하는 수도권에 살고 있어. 도시에서 살면서 직장을 얻고 편리한 생활을 누리지만 농사나 잔치 같이 이웃이 일손을 필요로 할 때 기꺼이 도움을 주던 고유한 마을의 모습은 거의 찾아볼 수 없고, 이웃과의 소통이 없는 아파트 문화 안에서 가족만 보살피는 삶을 살게 되었지. 사람이 많이 모여 살수록 삶의 단위는 점점 축소되는 것이 바로 도시적 삶의 특징이야.

그래서 결국 사람들은 이웃에 누가 사는지, 자신이 살고 있는 마을의 고유한 특징은 무엇인지, 마을 공동체를 위해서 사람들이 어떤 일을 하고 있는지 점점 무관심해졌지. 따뜻한 온정이 넘쳐야 할 마을은 차가운 이기주의와 치열한 경쟁만 남게 되었어. 이제 사람들은 자신이 살고 있는 곳을 마을 이름이 아니라 아파트 이름으로 기억하고 있어. 그리고 아파트의 평수나 유명세에 따라 서로를 차별하기도 해.

아파트에 살다 보면 옆집에 누가 사는지도 모르고, 안다고 해도 그 사람들이 어떻게 사는지 관심이 없는 경우가 많아. 심지어는 옆집에 사는 사람이 죽어도 모르기도 해. 정말 삭막하지 않니? 만약에 내가 어려움에 처했을 때 주변에서 아무도 돌봐 주지 않는다면 어떨 것 같아? 인간은 혼자서는 살아갈 수 없어. 주변의 관심과 도움이 필요해.

그래서 예전처럼 온정이 넘치고, 돈으로 사람을 평가하지 않고, 서로 돕고 함께 살아가는 마을의 필요성이 점점 커지고 있어. 요즘은 농촌뿐만 아니라 도시에 사는 사람들도 마을 만들기에 관심이 많아. 인구가 점점 줄어드는 농촌은 농촌 나름 대로 살기 좋은 마을 만들기를 실험하고 있어. 그리고 인구가 넘쳐 나는 도시에서도 아파트나 동 단위로 도서관도 만들고, 장터도 열고, 같이 문화생활이나 교육 생활도 공유하면서 새롭게 마을 만들기를 시도하고 있지. 우리가 지금 하고 있는 텃밭 농사도 사실은 이런 마을 만들기의 일종이야. 그러니까 너희들은 마을 만들기의 1세대가 되는 거지. 자랑스럽지 않니?

마을주의자가 되자

마을을 만드는 것에 대해서 연구했던 정기석 마을연구소 소장이 '마을주의자'들과 나눈 이야기를 쓴《마을전문가가 만난 24인의 마을주의자》라는 책을 보면, 마을주의자도 여러 방면의 전문가가 있다는 것을 알 수 있어.

지역 경제를 건강하게 만드는 마을 경제주의자, 마을의 교육을 연구하는 마을 교육주의자, 마을의 문화를 높이는 마을 문화주의자, 마을을 생태적으로 바꾸는 마을 생태주의자 등 다양한 마을주의자들이 아름다운 마을을 만들어 나가고 있어.

너희가 마을주의자가 된다면 어떤 분야의 전문가가 되고 싶니? 멋진 마을을 살리는 마을 기업이나 마을 상품을 만들고 싶니? 아니면 학생들과 마을 주민들이 즐겁게 배울 수 있는 교육에 관해서 연구하고 싶어? 그것도 아니면 마을을 아름답게 꾸미고, 공연도 하고 전시회도 하고, 마을 신문도 만드는 마을 예술가나 문화 활동가는 어때? 우리처럼 유기농법으로 건강한 작물을 만드는 농부가 되는 건?

한 사람이 모든 것을 다 잘할 수는 없지만, 자신이 잘하는 일을 하면서 다른 사람과 연대하고 협력할 수 있다면 우리가 살고 있는 마을을 아름답게 만드는 게 단지 꿈은 아닐 거야. 너희들도 그렇게 생각하지?

10

가을 텃밭의
주인공,
고구마

백로
白露

추분
秋分

백로(9월 9일 무렵)가 되면 밤의 기온이 내려가고 풀잎에 이슬이 맺혀요. 기러기가 날아오고 제비는 강남으로 돌아가지요. 추분(9월 23일 무렵)에는 낮과 밤의 길이가 다시 같아져요. 오늘은 고구마를 수확하고 김장밭을 돌볼 거예요. 그동안 텃밭에서 쌓은 경험을 되돌아보며 시도 써 볼 거고요. 수확한 고구마 줄기를 무쳐서 비빔밥도 해 먹을 거예요.

　내 눈이 이상한가? 너희들 봄에 처음 만났을 때보다 부쩍 큰 것 같다. 뭐, 키가 10cm나 컸다고? 몸도 자랐지만 어쩐지 다들 몰라보게 의젓해진 느낌이 드네.

　자, 우리 김장밭부터 둘러보자. 여기 봐. 배추에 포기가 차오르기 시작하는데 애벌레들이 제법 많지? 좌우지간 종류도 엄청 많아요. 김장 농사가 정말 힘든 이유는 이 녀석들 때문이야. 이럴 땐 가급적 천연 농약을 사용하는데 그것도 심사숙고해야 해. 모든 농약은 익충도 해친다고 이야기했던 거 기억하지?

　가장 좋은 방법은 생태계가 살아나서 해충의 천적이 많아지는 거야. 유기농의 진정한 희망은 천적에게 달려 있어. 그러니까 우린 해충의 천적에 대해서 계속 공부해야 해.

고구마 줄기와 고구마를 수확해 보자

오늘은 고구마를 캘 건데 그 전에 고구마 줄기부터 수확해보자. 오늘 고구마를 수확하면 고구마 줄기는 더 먹고 싶어도먹을 수가 없잖아.

너희들, 제철 채소라고 들어 봤니? 제철 밥상이라고도 하는데 우리 몸은 제철 채소를 먹도록 진화했어. 요즘은 하우스농사를 짓고 저장 기술도 발달해서 아무 때나 먹고 싶은 채소를 마트에서 살 수 있지만 우리 몸에는 그다지 좋지 않아. 그건 동물들한테도 마찬가지야. 겨울철에 닭한테 생채소를 모이로 주면 설사를 해. 자연스럽지가 않아서 탈이 나는 거지.

그래서 우리 조상님들은 가을이 되면 다양한 묵나물을 말리느라 분주하셨어. 묵나물은 제철에 뜯어서 말려 두었다가 이듬해 봄까지 먹는 나물을 말해. 그러니까 너희들도 탈 없이 건강하게 자라려면 되도록 제철 음식을 먹는 게 좋아.

자, 각자 고구마밭에서 원하는 만큼 줄기를 뜯자. 고구마줄기를 뜯을 때는 줄기가 자라는 반대 방향으로 꺾어 주면 쉽게 수확할 수 있어. 옳지, 잘한다. 그래, 그 정도면 충분하겠다.

그럼 지금부터 낫을 들고 고구마 줄기를 모두 잘라서 걷어 내야 돼. 다치지 않게 조심하면서 땅속으로 연결된 줄기를 모두 잘라 내는 거야.

그럼 이제부터 고구마를 캐 볼까. 고구마는 심고 나서 120일이 지나면 더 이상 수확량이 늘지 않아. 그러니까 농사를 짓고 나서 넉 달이 지나면 수확을 하는 게 좋아. 물론 더 내버려 뒀다가 수확해도 되지만 서리가 내리기 전까지는 캐야 해. 고구마는 추위에 노출되면 맛과 저장성에 심각한 문제가 생기거든. 고구마도 감자처럼 상처가 나지 않게 조심조심 캐야 해.

너희들, 감자는 그 자체가 씨앗이라고 했던 말 기억나지? 고구마도 마찬가지야. 그 이야기는 고구마 하나하나가 다 생명체란 의미야. 땅속에서 자라는 고구마는 수확을 하면 엄청 스트레스를 받아서 호흡이 가빠지고 체온이 올라가. 그래서 수확하고 나면 바람이 잘 통하는 그늘에 널어 놓고 열흘 이상 안정을 시켜 줘야 해. 그러면 고구마가 다시 평온을 되찾아. 고구마는 이동 과정에서도 스트레스를 받으니까 이리저리 자주 옮기면 좋지 않아.

그러니까 고구마는 수확에서 저장까지 섬세하게 다뤄야 해. 어떤 아이들은 캐 낸 고구마를 집어던지기도 하는데 그럼 고구마가 충격을 받아서 상처를 입고, 그 상처 때문에 썩어 버릴 수 있어.

농사는 짓는 것뿐만 아니라 수확 자체에도 책임이 따라. 기껏 힘들게 농사지어서 수확했는데 상해서 버렸다고 생각해봐. 그건 자신의 노력뿐만 아니라 자연의 노고도 헛되이 하는 거야.

자, 연설은 여기까지 하고 호미 들고 고구마 캐러 출동!

자연과 교감을 나누면서 김장밭을 살펴보자

고구마 캐고 났더니 온몸이 뻐근하지? 고구마 캐는 건 어른들도 힘들어. 그래도 고구마가 주렁주렁 달려서 엄청 뿌듯하지 않니? 농사는 짓는 것도 힘들지만 수확하는 것도 그에 못지않게 힘들어. 곰곰이 생각해 보면 힘들지 않은 농사는 하나도 없는 것 같아.

농사가 어려운 이유는 해마다 같은 농사를 지어도 그때마다 다른 경험을 하기 때문이야. 예를 들어 어떤 농부가 50년 동안 농사를 지었다고 가정해 보자. 그럼 농사를 딱 50번 경험한 거야. 그런데 땅과 하늘의 조건은 해마다 달라져. 기온도, 강수량도, 바람도 다르고, 땅속 환경도 수시로 변해. 그래서 50년 농사 경험은 해마다 다른 경험일 수밖에 없어.

내가 김장 농사를 짓기 시작한 것도 올해로 10년째야. 그런데 그 결과는 늘 달랐어. 난 올해 너희들과 김장 농사를 지으면서도 김장 농사를 처음 짓는 기분이야. 어떤 해는 가을 가뭄이 심하다가도 또 어떤 해는 시도 때도 없이 장대비가 쏟아졌어. 천연 농약을 쳐도 해충이 창궐할 때가 있었고, 아무것도 하지 않았는데 별다른 피해 없이 그냥 지나갈 때도 있었어. 웃거름을 듬뿍 줘도 배춧속이 차지 않을 때도 있고, 밑거름만 주고 키웠는데도 속이 꽉꽉 들어차기도 해. 그야말로 뚜껑을 열어 보기 전까지는 결과를 알 수 없는 게 농사야.

그러니까 우리들은 텃밭에 나올 때마다 겸손해야 해. 난 너희들이 심은 가을 작물들이 잘 컸으면 좋겠지만 그건 자연의 영역이야. 우리는 그저 작물과 교감을 나누면서 우리가 할 수 있는 최선을 다한 뒤 결과를 받아들이면 돼. 그러기 위해서는 무엇보다 욕심을 버려야 해. 마음을 비우고 작물이 자라는 과정 하나하나를 세심하게 지켜보면서 배우는 거야. 한마디로 말하자면 관심과 애정을 듬뿍 주는 거지.

하지만 이게 말처럼 쉬운 건 아니야. 배춧속이 차지 않으면 김장 농사를 망쳤다고 짜증을 내면서 배추를 그냥 버리는 사람들이 있어. 그런 사람들의 목적은 수확밖에 없는 거야. 하지만 과정을 중요하게 생각하는 사람들은 그만큼이라도 자라 준 걸 고마워하면서 정성을 다해 김치를 담그지. 그리고 그 김치를 맛있게 먹으면서 내년에는 더 잘 키워야겠다고 다짐해.

그럼 지금부터 난 여기에 있을 테니까 너희들끼리 김장밭으로 가서 작물들에게 무엇을 어떻게 해 주면 좋을지 의논해 봐. 왜 그렇게 당황해? 텃밭의 주인은 너희들이잖아. 그동안 쌓은 경험을 총동원해서 김장 채소들을 어떻게 돌보면 좋을지 방법을 모색해 봐. 만약 도움이 필요하면 언제든 말해.

텃밭을 노래하는 시인이 되자

자, 편안하게 아무렇게나 걸터앉자. 그동안 너희들은 봄부터 지금까지 텃밭에서 많은 경험을 해 왔어. 이 경험을 통해서 너희들은 자기 자신이 얼마나 놀랍고 소중한 사람인가를 느꼈을 거야. 그리고 "에이, 나는 저런 거 못해." 하며 엄두도 내지 못했던 일들도 거뜬히 해낼 수 있다는 것도 배웠겠지.

그래서 오늘은 시를 지어 보려고 해. 어, 다들 갑자기 얼굴이 어두워지네. 겁먹지 마. 어려울 것 같았던 텃밭 일도 막상 해 보니 별거 아니었잖아. 시도 마찬가지야.

대부분의 사람들이 특별한 재주를 타고난 사람들만 글을 쓸 수 있다고 생각하는데 글은 누구나 쓸 수 있어. 너희들, 말 잘 하잖아. 우리가 대화를 하는 방식은 두 가지가 있어. 입으로 하면 말이고, 손으로 쓰면 글이야. 그런데도 글쓰기가 어렵게 느껴지는 이유는 딱히 할 말이 없기 때문이야. 날마다 똑같은 경험을 반복하면서 살아가다 보면 할 말이 없는 것처럼 느껴지는 거지. 그래서 글쓰기가 막막하게 느껴지고 두려운 거야. 하지만 너희들은 텃밭에서 굉장히 많은 걸 보고, 겪고, 느껴왔잖아. 그걸 그냥 솔직하게 표현하면 되는 거야.

그럼 지금부터 각자 자유롭게 흩어져서 시를 한 편씩 써 보자. 시를 어떻게 써야 할지 모르겠다고? 그럼 먼저 편안한 마음으로 텃밭에서 보낸 시간을 되돌아보자. 밭을 만들고 씨를 뿌린 기억, 처음 새싹이 올라왔을 때 느낀 설렘, 함께 땀 흘린 친구들의 얼굴……. 이런 순간들을 떠올리며 그 느낌을 간결한 문장으로 써 보는 거야. 억지로 길게 쓸 필요 없어. 단 한 줄이라도 진심이 담겨 있으면 그 자체로 훌륭한 시가 되는 거야.

고구마 줄기 비빔밥을 해 먹자

어이, 시인들. 나는 너희들 가운데 직접 농사지은 수확물로 제철 밥상을 차려 주는 요리사가 나왔으면 좋겠어. 지난해에 청소년 농부 학교를 수료한 학생 가운데 한 명은 장래희망이 요리사인데 요리사가 되려면 음식 재료에 대해서 잘 알아야 할 것 같아서 청소년 농부 학교에 들어왔다고 했었거든.

먹는 것만 바꿔도 우리는 많은 병을 고칠 수 있어. 너희들이 정직하게 농사지은 채소로 요리를 해서 사람들에게 내놓는다면 나는 그 사람이 곧 의사라고 생각해.

제철 밥상을 얘기할 때 빼놓을 수 없는 게 나물이야. 그런데 많은 사람들은 나물 반찬을 좋아하면서도 만들어 먹을 생각은 잘 못해. 나물 무치는 방법은 참 쉬운데도 그냥 사다 먹고 말아.

너희들 생각해 봐. 우리가 봄에 텃밭에서 수확해서 먹었던 나물들 기억나지? 얼마나 무치기 쉬웠어. 고구마 줄기 나물도 마찬가지야. 고구마 줄기로 나물 무쳐서 비빔밥 해 먹으면 정말 끝내주지.

여름에 텃밭에서 나오는 채소들도 잘 말려 놓으면 겨울철에 훌륭한 나물로 변신할 수 있어. 대표적인 채소가 호박하고 가지야. 김장 채소로는 시래기와 우거지가 있어. 무를 말려도 좋지. 이런 재료들로 잘 요리하면 고기보다 더 맛있고, 건강도 지킬 수 있어.

그럼 지금부터 고구마 줄기로 나물을 만들어서 비빔밥을 해 볼까?

농사 더하기+

◆ 고구마 줄기 말리는 방법

말린 고구마 줄기에는 비타민이 풍부하고 칼슘은 무려 우유보다 10배, 육류보다는 120배나 많이 들어 있다. 특히 고구마 줄기는 껍질을 까지 않고도 간편하게 묵나물을 만들 수 있다.

1 수확한 고구마 줄기를 깨끗이 씻는다.

2 냄비에 물을 담고 소금을 한 주먹 넣어서 팔팔 끓인다.

3 고구마 줄기를 끓는 물에 넣고 후루룩 끓어오르면 뒤집어 주고 한 번 더 끓어오르면 건져서 소쿠리에 받쳐 놓는다.

4 데친 고구마 줄기가 식으면 채반이나 건조 망에 넣어서 바싹 말려 준다.

5 소금물을 스프레이에 담아 바싹 마른 고구마 줄기에 뿌려 준 뒤 두 손으로 비벼 준다. 그러면 고구마 줄기가 부드러워지고 부피도 줄일 수 있다.

6 두 손으로 비빈 고구마 줄기를 다시 한 번 말려 준다. 고구마 줄기가 잘 말랐으면 비닐 봉투에 넣어 밀봉해 놓는다. 이후 필요한 양만큼 꺼내서 물에 불려 요리를 해 먹으면 된다.

◆ 고구마 저장 방법

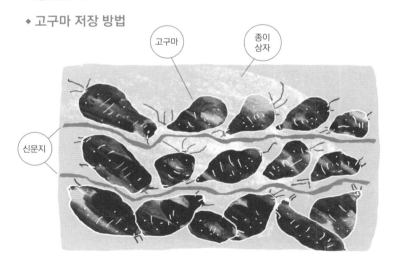

고구마

종이 상자

신문지

❀ 위의 그림처럼 종이 상자에 층층이 담은 고구마는 신발장 위에 보관한다. 아파트나 빌라에서 고구마를 저장할 수 있는 최적의 장소는 신발장이다.

◆ 텃밭 시인들의 작품

생고구마

생고구마 맛본 순간
밍밍한 게 맛이 괜찮았다
근데 갈수록 맛이 없어진다
역시 모든 것은
속까지 봐야 한다

들깨

들깨가 익었다
이제 곧 털릴 것이다
털린 들깨는 곧 들기름이 된다
들기름은 유용하게 쓰인다
어쩌면 들깨가 나보다 더
유용한 것 같다

끈기

농작물을 보았다
상추, 토마토, 고추 등등
농작물은 추운 날에도 불구하고
자라고 있다
나도 저런 끈기가 있으면 좋겠다

나무

어느 틈에 떨어진 나뭇잎
나무는 잎이 다 떨어져서
앙상한 나뭇가지만 남았네
내 안에 생각의 나무
아이디어라는 나뭇잎을 다 떨어뜨리고
앙상한 나뭇가지만 남았네

더 이상 생각을 할 수 없다

겨울 냄새

체육 시간에 뜬금없이
한 말썽꾸러기가 말한 게
생각났다

"겨울 냄새 난다."
우습기만 했던 그 한마디
이렇게 생각날 줄이야

코끝
차갑게 맴돌게 만드는
겨울 냄새
어으, 춥다 인생

텃밭
레시피
10

고구마 줄기 비빔밥(15인분)

재료 고구마 줄기 3단, 가을 상추 30장, 밥 15인분, 달걀 15개, 고추장 15큰술, 식용유, 다진 마늘 1큰술, 양파 3개, 참기름이나 들기름 3큰술, 소금

1 고구마 줄기의 굵은 쪽 끝을 분질러 얇은 막을 아래로 내리면서 껍질을 벗긴다.

2 끓는 물에 소금을 약간 넣고 **1**을 넣는다. 위아래로 뒤적이며 데치다가 다시 한번 끓어오르면 꺼낸다.

3 **2**를 찬물에 헹군 뒤 먹기 좋게 4~5cm 정도의 크기로 자른다.

4 고추장에 마늘, 양파를 다져서 넣고 참기름이나 들기름을 더해 버무려 양념간장을 만든다.

5 고구마 줄기에 양념간장을 넣고 버무려 무침을 만든다.

6 밭에서 따온 상추를 깨끗이 씻은 후 채 썰어 준비하고 달걀 프라이를 한다.

7 양푼에 고구마 줄기 무침과 채 썬 상추, 달걀프라이, 밥을 넣고 마지막으로 고추장과 참기름을 넣는다.

❀ 고구마 줄기는 살짝 데쳐서 기름을 두른 프라이팬에 채 썬 양파와 마늘, 소금을 넣고 볶아서 비빔밥을 해 먹어도 맛있다.

열 번째 농부 일기

삶의 기예,
글쓰기

지식과 행동은 동전의 양면

너희들의 작품을 다 읽어 보았어. 조금만 더 갈고 닦으면 프로 시인이 되겠는걸. 물론 지금 쓴 것으로도 훌륭하지만 말이야. 왜 너희들이 쓴 시가 훌륭하냐고? 바로 삶이 밑바탕이 된 글이기 때문이지. 사람들은 문장이 멋지면 좋은 글이라고 생각할지 모르지만, 정말 좋은 글은 그 문장에 담겨 있는 알맹이, 즉 내용이 훌륭해야 돼. 단지 아는 것을 주저리주저리 늘어놓는 것이 아니라, 직접 체험한 것을 솔직하고 담백하게 담아낸 글이 정말 좋은 글이야. 그런 점에서 너희들의 글은 형식적으로는 조금 더 훈련이 필요하겠지만, 내용에 있어서는 누구보다 훌륭한 체험을 담고 있어. 그러니 자부심을 가져도 좋아.

지행합일知行合一이란 말 알고 있지? 아는 것을 해 보고, 해 보고 나서 잘못된 점을 다시 알고, 그렇게 앎이 확장되고 삶이 깊어지는 것. 그게 바로 지행합일이야. 그래서 예로부터 지행합일은 성인聖人이 되기 위한 필수 덕목이기도 해. 공자는 말만 번지르르하게 하고 얼굴빛만 친한 척하는 사람을 가장 싫어했는데, 그 이유가 아는 만큼 행동이 뒷받침되지 않았기 때문이야. 알기와 하기는 동전의 양면처럼 같이 가는 거야. 앞면만 있는 동전이 불량이듯, 행동이 없는 지식은 거짓이나 마찬가지야.

정보에서 지혜로, 학습에서 기예로

이제는 세상이 변해서 누구나 글을 읽고 쓸 수 있는 단계에 이르렀어. 우리나라는 전 세계에서 가장 문맹률이 낮고 문자를 쉽게 습득할 수 있는 문명국가에 속하지. 우리가 선진국이라고 말하는 미국도 문맹률이 20%가 넘어. 다섯 명 중 한 명은 글을 읽고 쓰지 못한다는 말이지. 그런데 우리나라는 문맹률이 1.7%야. 글을 읽고 쓰지 못하는 사람이 백 명 중 한두 명뿐이라는 거야. 문맹률이 낮다는 말은 그만큼 문화 능력이 높아질 가능성이 있다는 뜻이지.

이제는 인터넷과 스마트폰이 발달하면서 누구나 자신의 생각을 쉽고 편하게 쓰는 시대가 되었어. 너희들도 쉴 없이 카카오톡이나 페이스북을 하잖아. 그야말로 문자 민주주의 시대라 할만 해. 이런 문자 민주주의 시대에 걸맞게 글을 쓰는 능력도 키울 필요가 있어.

그러면 어떻게 글 쓰는 능력을 키울 수 있을까? 맥도너의 《정보 경제학》에 따르면 인간의 지식에도 가치의 차이가 있다고 해. 단순한 사실의 나열인 '데이터data'에서 의미 있는 데이터인 '정보information', 그리고 가치 있는 정보인 '지식knowledge'을 거쳐 최고의 지식인 '지혜wisdom'에 도달한다는 거야. 물론 위로 올라갈수록 그 가치는 높아져.

그렇다면 우리가 쓰는 글도 단순히 데이터나 정보의 차원을 넘어서 지혜의 차원으로 나아가는 게 좋겠지. 그런데 지식이 지혜가 되기 위해서는 반드시 삶의 차원을 통과해야 해. 삶을 통해서 확인되고 반복되는 지식이 지혜니까. 그래서 글쓰기도 단순히 아는 것을 나열해서 쓰는 게 아니라, 삶을 녹여내는 기예의 차원으로 나아가기 위해 꾸준히 연습하는 게 필요해.

학교에서 교과서를 통해서 배우는 것이 지식이라면, 지금 너희가 농사를 통해서 몸으로 느끼면서 앎을 확인하는 것은 지혜의 영역이야. 그 경험을 바탕으로 글을 쓴다면 너희들은 분명히 훌륭한 작가가 될 거야.

어때? 그럴듯하지? 이제는 글을 쓸 때 지혜를 담은 글쓰기를 하도록 노력해 보자.

11

찬 이슬 맺히는
늦가을
양파랑 마늘이랑

한로
寒露

상강
霜降

찬 이슬이 맺히는 한로(10월 8일 무렵)에는 기
온이 더 내려가기 전에 곡식을 거두고 가을 타작
을 시작해요. 상강(10월 23일 무렵)이 되면 서
리가 내리고 낙엽이 지죠. 농민들은 곡식 갈무리
를 하고, 보리와 마늘을 심느라 바빠요. 오늘은
총각무를 수확해서 김치를 담글 거예요.

어휴, 날이 제법 쌀쌀하네. 그래도 10월은 뭐든지 풍족해서 좋아. 〈농가월령가〉를 보면 이런 구절이 있어.

한동네 이웃하고 한 들에서 농사하니
수고도 나눠 하고 없는 것도 서로 도와
이때를 만났으니 즐기기도 같이하세

그만큼 10월에는 여유가 있었던 거지. 물론 농촌에서는 이때가 가장 바쁠 때야. 벼를 비롯해서 온갖 곡식을 다 수확해야 하거든. 그래도 수확의 기쁨을 만끽할 수 있으니 얼마나 좋아. 그래서 우리 조상님들은 상강이 되면 지나가는 길손을 불러서 배불리 대접하며 즐거움을 나눴어.

우리도 오늘은 바쁘게 일해야 해. 할 일이 엄청 많거든. 그래도 농부들이 고생하는 것을 생각하면 이건 아무것도 아니야. 그러니까 조금 힘들더라도 농부들에게 감사하면서 열심히 일해 보자.

땅콩 씨앗을 받아 보자

우선 땅콩부터 수확해 볼까? 땅콩은 10월 초에 수확해도 되는데 일이 많다 보니까 조금 늦었다. 땅콩은 수확 시기가 되면 잎에 검은 반점이 생기거든. 그때부터 수확하면 돼.

땅콩 수확은 아주 쉬워. 그냥 줄기를 통째로 잡아당기면 이렇게 줄줄이 매달려 나와. 그런 다음 호미로 주변을 살살 파서 미처 딸려 나오지 못한 땅콩들을 수확하면 돼.

자, 다들 자리 잡고 앉아서 땅콩을 캐 보자. 수확한 땅콩은 한쪽에 잘 쌓아 둬. 다 같이 둘러앉아서 꼬투리를 딸 거거든. 땅콩 꼬투리에 구멍이 왜 뚫려 있냐고? 그건 굼벵이가 먹은 거야. 어떤 사람들은 그게 싫어서 땅콩을 심을 때 농약으로 땅을 소독하기도 해. 감자나 고구마를 심을 때도 마찬가지야. 그냥 자연과 나눠 먹는다 생각하면 되는데 벌레가 조금 먹은 걸 가지고 농사를 망친다면서 호들갑을 떠는 거지. 누누이 말하지만 자연은 사람들이 자신을 해치지 않으면 훨씬 많은 걸 베풀어 줘.

참, 비가 온 다음 날에는 땅콩을 캐지 않는 게 좋아. 만약에 비가 왔다면 일주일 정도 지난 다음에 수확을 하는 게 훨씬 안전해. 그건 감자나 고구마도 마찬가지야. 흙이 젖어 있을 때 땅속 작물을 수확하면 썩어 버릴 수가 있거든.

여럿이 수확하니까 금방 끝나는구나. 꼬투리를 다 떼어 낸 땅콩 줄기는 고랑에 깔아 줘. 이 줄기가 잘 삭아서 거름이 될 거야. 난 고추나 가지도 잘게 꺾어서 고랑에 깔아 줘. 많은 사람들이 수명이 다한 가지나 고추를 한곳에 쌓아 놓고 이듬해에 태우느라 애를 먹는데 그럴 필요 없어. 잘게 꺾어서 고랑에 두면 자연이 알아서 해결할 거야. 어때, 버릴 게 하나도 없지?

자, 이제부터는 땅콩을 깨끗이 씻어서 사흘 정도 햇볕에 말려야 해. 안 그러면 땅콩 안에 있는 습기 때문에 곰팡이가 펴서 못 먹거든.

여기서 질문 하나, 땅콩을 말린 다음에 가장 먼저 해야 할 일이 뭘까? 볶는다고? 아니야. 삶아서 먹는다고? 그것도 아니야.

진짜 농부는 수확을 하면 씨앗부터 챙겨. 가장 좋은 씨앗을 골라서 잘 보관했다가 이듬해에 농사를 짓는 거지. 좋은 씨앗을 골라서 받는 것을 '채종'이라고 해. 다음해 농사를 위해 씨앗을 받아 보관하는 것도 농사의 일부이니 용기를 내서 한두 종이라도 채종을 해 보자.

땅콩은 꼬투리째 잘 말려서 그물망에 넣고 바람이 잘 통하는 곳에 걸어 두면 돼. 콩이나 옥수수도 마찬가지야. 뭐든지 수확을 하면 씨앗부터 챙길 줄 알아야 진짜 농부라고 할 수 있어. 참, 한 가지 주의할 점은 채종하기 전에 씨앗이 GMO 씨앗인지 아닌지 꼭 알아봐야 해. GMO 씨앗은 채종을 해도 발아가 안 되거나 기형이 나올 수가 있거든.

마늘과 양파를 심어 보자

땅콩을 다 널었으면 이제 마늘과 양파를 심으러 가자. 아직 초보일 때는 마늘과 양파 농사지을 생각을 잘 못하는데 사실 알고 보면 마늘과 양파 농사만큼 쉬운 농사도 드물어. 생각해 봐. 다른 농사는 계속해서 작물을 돌봐야 하잖아. 그런데 마늘과 양파는 심어만 놓으면 이듬해 3월까지 할 일이 없어. 겨울에 무슨 할 일이 있겠어.

그리고 무엇보다 마늘과 양파 농사는 정말 중요한 농사야. 우리나라 음식에서 마늘과 양파는 빼놓을 수 없는 중요한 채소잖아.

사실 양파와 마늘은 우리나라뿐만 아니라 전 세계 사람들에게 사랑받는 채소야. 옛날에 이집트 왕인 파라오는 피라미드를 건설할 때 건설 노동자들이 피라미드를 잘 쌓을 수 있도록 특식으로 양파와 마늘을 먹였대. 그리고 고대 검투사들은 근육을 강하게 만들기 위해 싸우기 전에 양파를 몸에 문질러 발랐다고 해. 이뿐만이 아니야. 고대 그리스 희극을 보면 죄수를 고문할 때 모든 방법을 동원해도 좋은데 양파와 부추로는 절대로 죄수를 때려서는 안 된다고 말하는 장면이 나와. 그건 고문이 아니라 근육을 키워 주는 거라고 믿은 거야.

마늘과 관련된 이야기는 우리나라 신화를 봐도 나와. 단군 신화에서 곰이 마늘을 먹고 사람이 됐잖아. 이 이야기는 당시 사람들이 마늘을 정말로 귀하게 여겼다는 뜻이야. 그리고 《삼국사기》를 보면 당시 사람들은 마늘 농사를 짓기 전에 후농제後農祭를 지냈다고 해. 마늘이 얼마나 귀했으면 농사짓기 전에 하늘에 제사를 지냈겠어. 어쨌건 마늘과 양파는 그만큼 우리 몸에 좋은 채소라는 이야기지.

그럼 이제부터 마늘과 양파 농사를 지어 볼까. 우선 통마늘을 쪼개자. 참고로 이 씨마늘은 내가 하지에 수확해서 보관한 거야. 통마늘에 달린 뿌리를 떼어 낸 다음 마늘에 상처가 나지 않도록 살살 쪼개면 돼. 그런 다음 감자를 심을 때처럼 재로 소독을 해 줄 거야. 그래야 병을 예방할 수 있으니까. 어떤 사람들은 재 대신 농약으로 마늘을 소독하기도 해. 재만 써도 충분한데 자기 불안을 못 이기는 거지. 양파는 시장에서 사온 모종으로 농사를 지을 거야.

그럼 준비가 다 끝났으니까 마늘과 양파를 심을 밭을 만들어 볼까. 마늘밭과 양파밭을 만들 때는 퇴비가 정말 중요해. 발효가 덜 된 퇴비를 쓰면 봄에 고자리파리병이 번져서 큰 낭패를 볼 수 있어. 고자리파리병은 집파리보다 작은 고자리파리가 알에서 부화해서 백합과 식물(마늘, 양파, 대파, 쪽파, 부추 등)의 뿌리가 난 부분으로 파고들어 해를 입히는 굉장히 무서운 병이야. 잘 자라던 마늘이나 양파가 갑자기 잎이 노래지면서 맥을 못 출 때 뽑아 보면 줄기 부분에 구더기가 바글바글해.

하지만 흙이 건강하고 좋은 퇴비를 쓰면 크게 걱정할 필요가 없어. 논밭에 병이 창궐하는 근원을 따져 보면 사람들이 생태계를 파괴하기 때문이라고 할 수 있어. 농작물이 병해충에 시달리는 게 두려우면 두려울수록 자연을 공경하고 섬겨야 하는데 참으로 안타까운 일이야.

자, 각설하고 퇴비를 넉넉히 뿌리고 밭을 일궈 보자.

총각무와 열매채소를 수확하자

마늘과 양파 심느라고 고생들 했다. 다들 힘들 텐데 조금만 기운 내서 총각무와 열매채소를 수확하자.

총각무는 파종하고 30일이 지나면 수확해서 김치를 담글 수 있는데 제대로 된 무를 수확하려면 60일은 키워야 해. 우리가 8월 하순에 파종을 했으니까 딱 60일 키웠네. 작물은 제때 수확을 하지 않으면 맛이 떨어져. 그래서 오늘은 무를 수확하고 그 무로 총각김치를 담그려고 해.

토마토와 가지, 고추는 이제 남김없이 따야 해. 열매채소들은 서리가 내리면 순식간에 얼어 버려서 먹을 수가 없어. 이제부터는 언제 서리가 내릴지 알 수 없으니 오늘 다 따려는 거야. 얼면 아깝잖아. 토마토가 파란색인데 따느냐고? 당연하지. 빨갛게 익지 않은 파란 토마토는 생으로 먹을 수는 없지만 장아찌를 담그면 아삭아삭한 식감이 아주 별미야. 고춧잎도 싹 정리해서 장아찌를 담그면 두고두고 맛있게 먹을 수 있어. 몸에도 좋고 말이야.

아 참, 생각난 김에 오늘 김장무도 수확하자. 김장무는 기온이 영하로 떨어지면 얼어서 썩어 버리거든. 그래서 농부들은 이때가 되면 무밭을 비닐로 덮어 주거나 수확해서 저온 창고에 보관해. 아니면 무를 수확해서 땅을 판 뒤 묻어 주는 거야. 이때 중요한 요령은 무청의 3분의 2가 밖으로 드러나도록 묻는 거야. 그래야 숨을 쉴 수 있으니까. 하지만 기온이 아주 많이 떨어지면 이 방법은 소용이 없어. 그때는 무청을 잘라 내고 땅속 깊숙이 묻어야 해. 우리 조상님들은 무와 배추를 땅속에 묻어 두었다가 겨우내 필요할 때마다 꺼내 드셨어. 하지만 주로 아파트에 사는 우리는 무와 배추를 신문지로 싸서 종이 상자에 넣어 베란다에 두면 겨우내 먹을 수 있어.

자, 그럼 서둘러서 움직여 볼까.

총각김치를 담그자

오늘은 아주 역사적인 날이야. 너희들이 키운 김장 채소로 총각김치를 담그는 날이거든. 요즘은 어른들도 김치를 담글 줄 몰라. 사실 김치 담그는 건 그다지 어려운 일이 아니야. 와, 하고 감탄할 정도로 맛있게 담그는 건 연륜이 있어야 하지만 누구나 부담 없이 먹을 수 있을 정도로 담그는 건 너희들도 충분히 할 수 있어. 오늘은 총각김치 담그면서 파김치도 함께 만들 거고, 다음 수업 때는 배추김치와 깍두기를 담글 거야. 그러고 나면 너희들은 내년부터 열무김치든 오이김치든 다 담글 수 있을 정도의 능력을 갖게 될 거야. 어라, 다들 못 믿는 눈치인데. 열무김치와 오이김치는 안 담가 봤는데 어떻게 만드느냐고? 자식들, 진짜 어려운 게 김장이야. 그런데 너희들은 올해 다양한 김장을 직접 해 보잖아. 그럼 나머지 김치들은 인터넷으로 만드는 방법만 검색해 봐도 뚝딱 만들 수 있어. 그러니까 쓸데없이 겁먹을 필요 없어. 너희들의 능력을 믿고 자신감을 가져. 너희들은 충분히 그럴 자격이 있어.

그럼 시작해 볼까.

농사 더하기+

◆ 씨앗 채종과 보관하는 방법

1. 채종하기

채종은 크게 꽃에서 받는 작물과 열매에서 받는 작물로 나뉜다.

- **꽃**

  대파와 부추가 대표적이다. 대파는 수확 때 채종을 위해 따로 몇 개 남겨 뒀다가 겨울을 나고 이듬해 4월, 꽃이 피면 씨를 받는다. 꽃 윗부분이 20% 가량 벌어지면 꽃을 잘라 내서 그늘에서 말린 뒤 씨를 털면 된다.
  부추는 7월 하순부터 꽃줄기가 올라온다. 8월에 꽃이 피고 색이 변하면 꽃을 잘라 내 말린 뒤 털어 낸다.

- **열매**

  오이와 호박, 참외가 대표적이다. 오이와 호박은 먹기 좋게 익은 것보다는 과숙된 열매를 골라 채종하는 것이 좋다. 열매를 따서 칼로 가른 뒤 발라 낸 씨를 그늘에서 바짝 말린다.
  참외는 씨앗을 감싸고 있는 막을 걷어 내고 물에 담궈 바닥에 가라앉은 씨앗만 건져 내서 바짝 말린다.
  고추나 피망, 파프리카씨도 열매에서 채종한다. 충분히 익은 것을 골라 따서 일주일 정도 그늘에 말리면 된다. 이후 반으로 갈라 씨앗을 분리해서 다시 말린다.

2. 씨앗 보관하기

- 씨앗은 적당한 용기에 담아 습도가 낮고 그늘진 곳에서 보관하는 것이 원칙이다.

- 씨앗을 종이봉투에 담거나 신문지로 싼 뒤 밀폐 용기에 담아 냉동실에 보관하면 2~3년 정도까지 씨앗을 살려 둘 수 있다.

◆ 양파와 마늘 농사짓는 방법

냉해를 막기 위해 낙엽으로 덮어 둔 마늘과 양파밭.

1 마늘은 10월 하순에 심는 것이 적당하고, 양파는 추위에 약해서 10월 중순에 심는
게 유리하다. 우선 발효가 잘된 퇴비를 넉넉히 넣고 농사를 짓기 일주일 전에 미리 밭
을 만들어 둔다.

2 지름이 3cm 정도 되는 씨마늘을 구입한다. 씨마늘을 쪼개서 재를 골고루 묻혀 준다.

3 괭이나 호미로 두둑에 20cm 간격으로 골을 판다. 골 깊이는 10cm가 적당하다. 그
리고 골에 10cm 간격으로 마늘을 꽂아 준 뒤 흙을 두툼하게 덮어 준다. 양파도 같은
방법으로 심는다.

4 마늘이 냉해를 입지 않도록 10cm 두께로 낙엽 멀칭을 해 준다.

5 낙엽이 바람에 날리지 않도록 한랭사로 덮어 준다.

6 이듬해 3월 하순이 되면 낙엽을 걷어 낸다. 그래야 마늘과 양파가 지열을 받아 쑥쑥
자랄 수 있다.

한랭사로 덮어 주면 겨울나기 준비가 끝난다.

7 3월 하순과 4월 하순에 각각 한 차례씩 웃거름을 준다. 오줌을 물과 1 : 5 비율로 희석해서 골고루 뿌려 준다. 오줌이 없으면 발효가 잘된 퇴비를 작물 사이사이에 뿌려 준다. 호미로 골을 파서 퇴비를 묻어 주면 더욱 좋다.

8 양파와 마늘 수확이 끝나는 6월 중하순까지 수시로 김을 매 준다. 봄 가뭄이 심하면 고랑 양쪽을 막고 고랑에 물을 채워 준다.

• 양파는 냉해에 취약하기 때문에 모종이 얼어 죽을 수 있다. 그래서 양파는 모종을 심은 뒤에 비닐과 활대로 터널을 만들어 주는 것이 안전하다. 대부분의 사람들은 비닐 터널을 만드는 방법을 선택한다. 그러나 눈을 맞고 큰 양파가 몸에 더 좋다고 생각해서 낙엽 멀칭을 고수하는 사람들도 있다.

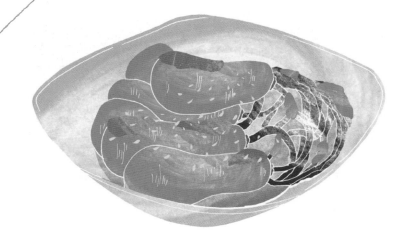

텃밭
레시피
11

총각김치(15인분)

재료 총각무 4단, 천일염 2컵, 홍고추 15개, 양파 2개, 마늘 20쪽, 배 1개, 쪽파 2단, 찹쌀가루 3큰
술, 생강 1쪽, 고춧가루 2컵 반, 멸치 액젓 1컵, 새우젓 1큰술 반, 물 4컵

1 무의 밑동은 칼등으로 긁어 무청과 붙은 부분을 깔끔하게 정리해 준다.

2 깨끗이 씻은 무를 세로로 반 가른다. 무가 작으면 가르지 않는다.

3 무를 한 층 깔고 그 위에 천일염을 뿌리는 과정을 반복해서 무를 층층이 쌓는다.
   이때 천일염은 무의 갈라진 부분으로도 잘 스며들 수 있도록 충분히 뿌려 준다.
   천일염을 뿌린 무를 뒤집어 주며 약 3시간 정도 절인다. 무를 구부려서 부드럽게
   휘어지면 잘 절여진 것이다.

4 끓는 물에 찹쌀가루를 천천히 부으며 중불에서 저어 찹쌀 풀을 만든다. 찹쌀 풀
   이 곱게 되직해지면 불을 끄고 식힌다.

5　썰어 놓은 홍고추와 양파, 마늘, 생강, 배를 믹서에 넣고 간다.

6　**4**에 **5**와 고춧가루와 액젓, 새우젓을 넣고 잘 섞어 준다. 쪽파 반 단은 깨끗이 씻어 손가락 마디 길이로 잘라서 함께 버무린다.

7　다 절여진 무는 두세 번 헹군 후 물기를 뺀다.

8　깨끗이 씻은 쪽파 머리에 총각김치 양념을 골고루 무친다. 예쁘게 돌돌 만 쪽파를 김치 통 바닥에 깔아 준다.

9　**6**에 물기를 뺀 무를 넣고 골고루 버무린다. 이때 무청과 무의 갈라진 틈에도 양념을 잘 묻혀 준다.

10　버무린 총각무는 무청 부분을 무의 밑동에 돌돌 말아 통에 차곡차곡 담되, 되도록이면 틈이 없도록 빽빽이 담는다. 이때 통의 1/10 정도는 여유 공간으로 남겨 둔다.

11　실온에서 1~2일 정도 익힌 뒤 냉장고에 보관한다.

❀　총각김치는 간이 너무 짜면 익고 나서 무에서 쓴맛이 배어 나오므로 주의한다.

❀　단맛을 좋아하면 양념을 만들 때 설탕을 1큰술 넣어 줘도 된다.

우리가
농부 철학자

　이제 다음번 김장만 끝나면 1년 농사 과정이 끝나네. 어째 시원섭섭하지?

　오늘은 훌륭한 농부 철학자를 몇 사람 소개하려고 해. 농부가 무슨 철학이냐고? 아니야, 철학은 누구나 할 수 있어. 철학자는 영어로 '필로서퍼philosopher'인데, 이 말은 '지혜를 사랑하는 사람'이라는 뜻이야. 우리가 지난 시간에 지혜는 삶을 통과한 지식이라고 했잖아. 그리고 농사야말로 머리로 아는 지식을 몸으로 체험하면서 얻는 지혜라는 이야기도 나눴지. 그러니까 농부들은 모두 철학자라고 말할 수 있지 않을까? 너희가 지혜를 사랑한다면 너희들도 당연히 철학자인 거야.

농가 사상가 허행

첫 번째로 소개할 사람은 중국의 춘추 전국 시대에 살았던 허행 선생이야. 농가 사상의 창시자라고 말할 수 있지. 허행 선생에 대한 기록은 《맹자》에 나오는데, 농사의 중요성을 강조하면서 위로는 임금부터 아래로는 백성에 이르기까지 모두 농사를 지어야 한다고 생각했어. 그의 말을 들어 볼까?

"등나라의 임금은 진실로 현군입니다. 그러나 아직도 올바른 도를 알지 못하고 있습니다. 현군은 백성과 더불어 나란히 농사지어서 먹으며, 아침저녁을 손수 지어 먹으면서 정치를 하는 것입니다. 그러나 등나라에는 쌀 창고와 재물 창고가 있습니다. 그것은 백성들을 괴롭혀서 자기를 살찌게 하는 것이니, 어찌 참된 현군이라고 할 수가 있겠습니까?"

허행 선생의 관점은 놀고먹는 양반들이 깜짝 놀랄 만한 생각이었어. 당시의 정치 지도자들은 농부들을 착취하는 정책을 펼쳤거든. 그런 폭압에 맞서 싸우는 사상이 바로 허행 선생의 농가 사상이야. 물론 이 농가 사상은 당시 지식인들에게 혹독한 비판을 받았어.

우리나라 실학 사상가 중에서도 농사의 중요성을 강조했던 분들이 계셔. 그 가운데 가장 대표적인 인물이 바로 정약용 선생과 그의 둘째 아들 정학유 선생이야.

《목민심서》를 쓴 사람으로도 유명한 조선 후기 실학자 정약용 선생은 어렸을 때 이름이 '귀농歸農'이었어. 불우한 정치 생활을 했던 그의 아버지 정재원이 고향으로 돌아와 정약용 선생을 낳았는데, 정치에는 관심을 갖지 말고 고향에서 농사나 지으며 살라고 '귀농'이라고 지었다는 거야. 하지만 정약용 선생은 정조에게 발탁되어 중앙 정치 무대로 나가 뛰어난 정치 활동을 벌였어.

그러다 정조가 죽자 주변의 시기와 모함으로 아주 오랫동안 유배 생활을 하게 되지. 유배지에서 정약용 선생은 아들들에게 편지를 보내 아무리 힘들더라도 절망하지 말고, 농사를 지으며 공부하라고 충고했어. 그리고 둘째 아들인 정학유 선생에게 농사와 관련된 책을 수집하고 직접 농서를 써 보라고 했어. 그래서 정학유 선생은 24절기에 맞춰서 어떻게 농사를 지어야 하는지 노래를 지었는데 그 노래가 바로 〈농가월령가〉야. 말 나온 김에 정학유 선생이 지금 절기인 한로, 상강에 대해서 어떻게 노래했는지 살펴볼까?

구월이라 계추되니 한로 상강 절기로다

제비는 돌아가고 떼 기러기 언제 왔노

벽공에 우는 소리 찬 이슬 재촉한다

　　……

밤에는 방아 찧어 밥쌀을 장만할 제

찬 서리 긴긴 밤에 우는 아기 돌아볼까

타작 점심 하오리라 황계 백주 부족할까

새우젓 계란찌개 상찬으로 차려 놓고

배춧국 무나물에 고춧잎장아찌라

큰 가마에 안친 밥이 태반이나 부족하다

한가을 흔할 적에 과객도 청하나니

한동네 이웃하며 한 들에 농사하니

수고도 나눠 하고 없는 것도 서로 도와

이때를 만났으니 즐기기도 같이하세

　어때? 추수를 하고, 방아를 찧고, 푸짐한 상을 차려 지나가는 과객도 먹이라는 내용이 분주하지만 풍요로운 가을 풍경을 잘 나타내고 있지? 농사를 무엇보다 소중하게 여겼던 중농학파 정약용 선생과 정학유 선생을 꼭 기억하도록 하자.

우리도 농부 철학자

그럼 오늘날의 농부 철학자는 누구일까? 물론 농촌에서 열심히 마을 만들기를 하면서 농사를 짓는 농부들도 농부 철학자들이지. 그렇지만 농촌에서 농사짓는 사람만 농부 철학자일까? 도시에서 작은 땅이라도 돌보고, 소중하게 작물을 키우고, 잘 키운 작물들을 나누는 우리들도 농부 철학자라고 할 수 있지 않을까?

비록 너희들은 직업 농부가 아니지만, 훌륭한 농부 철학자가 될 자격을 갖추고 있어. 우리는 비록 도시에 살고 있지만 서로 협력해서 도시와 농촌이 함께 잘사는 세상을 꿈꾼다면 그야말로 금상첨화일 거야.

12

겨울맞이
김장은
필수!

입동
立冬

소설
小雪

입동(11월 8일 무렵)이 되면 본격적인 겨울로 접어들어요. 조상님들은 입동이 되면 김장을 하고, 겨울 채비로 분주했어요. 소설(11월 22일 무렵)이 되면 첫눈이 내리고 바람이 살을 엘 정도로 추워집니다. 그래서 소설에는 홑바지가 솜바지로 바뀐다는 속담이 생겨났어요. 오늘은 우리가 심은 김장 채소로 김장 김치를 담글 거예요.

　날씨가 제법 오싹하네. 너희들도 춥지? 저 낙엽 떨어지는 것 좀 봐라. 조선 시대 문신이자 시인이었던 송강 정철이 쓴 〈산사의 밤山寺夜吟〉이 절로 떠오르네.

　　쓸쓸히 나뭇잎 지는 소리를
　　성근 빗소리로 잘못 알고서
　　스님 불러 문 나가서 보라 했더니
　　시내 남쪽 나무에 달 걸렸네요

　쓸쓸한 초겨울 풍경을 참 절묘하게 표현했어. 텃밭도 봐.

김장 채소 빼고는 다 얼어 죽었잖아. 얼마나 쓸쓸하고 황량하니. 그렇게 농부들을 힘들게 했던 풀들도 다 스러졌어. 이럴 땐 참 인생이 무상하다는 생각이 들어. 하지만 이 겨울이 지나가야 봄이 오듯이 우리도 겨울 채비를 잘해서 봄을 기다려야겠지.

김장 채소를 수확하자

오늘은 마지막 작물인 김장 채소를 수확하는 날이다. 지금 밭에 남아 있는 작물을 수확하면 길고 길었던 1년 농사도 안녕이야. 감회가 남다르지 않니?

김장을 하려면 서둘러야 하니까 빨리 배추부터 수확하자. 배추를 수확할 때는 면장갑을 끼고 그 위에 고무장갑을 끼는 게 좋아. 안 그러면 손이 엄청 시려. 장갑 다 꼈지? 그럼 식칼 하나씩 들고 배추밭으로 가자.

배추를 쉽게 수확하려면 꼿꼿이 서 있는 배추를 바닥으로 확 젖혀. 그럼 이렇게 뿌리가 드러나는데 칼로 이 뿌리 부분을 바짝 자르면 돼. 그런 다음 시든 겉잎을 다 떼어 내는 거야. 어때, 예쁘지? 배추가 이렇게 속이 꽉 차면 엄청 뿌듯해. 이게 다 너희들이 열심히 농사를 지었다는 증거야.

쪽파는 그냥 쭉쭉 뽑으면 돼. 이야, 쪽파도 아주 실하게 잘

자랐네. 쪽파 뿌리는 잘라서 버리지 말고 깨끗이 씻어서 다시
마와 멸치로 육수를 낼 때 함께 사용할 거야.

그럼 이제 갓을 수확해 볼까. 갓은 뿌리가 깊어서 뽑으려면
굉장히 힘들어. 그래서 배추처럼 옆으로 젖혀서 뿌리 윗부분
을 똑똑 잘라 주면 아주 수월해.

자, 이걸로 김장 채소 수확이 다 끝났다. 김장무는 저번에
수확해서 땅속에 묻어 놓았으니 내일 꺼내서 깨끗하게 씻기
만 하면 될 거야. 오늘은 배추를 손질해서 절이면 되겠다. 혹
시 일이 빨리 끝나면 내친 김에 시래기하고 무말랭이도 좀 만
들어 두자. 그럼 한겨울이 아주 든든하거든.

콩나물을 키워 보자

오늘은 날이 추우니까 배를 좀 뜨끈하게 채우고 나서 작업
을 하자. 오늘은 콩나물국과 콩나물 무침을 만들어 먹을 거야.

얘들아, 이 콩나물이 어떤 콩나물인 줄 아니? 이건 보통 콩
나물이 아니야. 바로 너희들이 농사지은 콩에서 일부를 내가
수확해서 집에서 키워 온 거야.

뭐, 그렇게 놀랄 것까진 없어. 콩만 있으면 콩나물 키우는
건 일도 아니거든. 콩하고 주전자하고 물만 있으면 돼. 콩을
물에 서너 시간 불렸다가 깨끗한 물에 헹궈서 주전자에 넣어.

콩나물을 키우려면 보통 시루가 있어야 한다고 생각하는데 주전자도 나름 훌륭한 시루로 쓸 수 있어. 물 갈아 주기도 편하고, 뚜껑만 덮어 놓으면 그 안이 엄청 깜깜하니까. 그리고 아침저녁으로 새 물을 붓고 따라 주는 것만 반복하면 닷새 뒤에는 7cm 정도 길이로 자란 콩나물을 먹을 수 있어. 만약 농사지은 콩이 없다면 마트에서 콩을 사다가 키워도 돼.

난 콩나물을 키워 먹을 때마다 농부들에게 엄청 고마운 마음이 들어. 우리가 콩나물을 먹을 수 있는 건 농부들이 봄부터 가을까지 구슬땀 흘려 가며 콩 농사를 지은 덕분이잖아. 콩 농사를 짓는 농부들이 없다면 우린 콩나물뿐만 아니라 두부와 된장과 간장도 먹을 수 없을 거야. 다른 모든 먹을거리도 마찬가지야. 도시에선 보이지 않지만 농부들은 지금 이 시간에도 우리들을 위해서 열심히 일하고 있어.

농부들뿐만이 아니야. 우리가 배추, 무, 쪽파, 갓을 농사지어서 수확했지만 이것만 가지고는 김장을 할 수가 없어. 생강, 마늘, 양파, 사과, 고춧가루에 찹쌀가루까지 정말 많은 재료가 더 필요하잖아. 거기에 멸치 액젓에 새우젓, 소금도 들어가야 하고. 그렇게 보면 우리가 먹는 김치 한 쪽에는 농부는 말할 것도 없고 어부와 소금을 만드는 노동자, 액젓과 새우젓을 만드는 노동자의 수고가 모두 들어가 있다고 할 수 있어.

밥 한 끼를 먹는다는 건 정말로 숭고한 일이야. 너희들이 그동안 농사를 지으면서 많은 걸 경험하고 느꼈겠지만 난 너희들이 다른 사람들의 노동에 감사하는 마음만큼은 절대 잊지 않았으면 좋겠어.

내 손으로 만드는 김장 김치

콩나물국에 밥도 말아서 뜨끈하게 배를 채웠으니까 이제부터 배추를 절여 볼까. 배추가 절여지려면 12시간 정도 걸리니까 전날 미리 준비해야 해.

먼저 식칼로 배추를 반으로 자르자. 유기농법으로 키운 배추는 워낙 단단하니까 칼이 잘 안 들어가. 그러니까 조심해야 해. 자, 이렇게 반으로 자르고 난 뒤에는 꼭지 부분에 칼집을 내 줘. 그래야 배추가 잘 절여져. 나중에 쪼개기도 쉽고.

다 잘랐으면 이제부터 간수를 만들자. 큰 통에 물을 채우고 소금을 물의 1/10 비율로 넣어서 녹여 주면 돼. 맛으로도 간수의 농도를 맞출 수 있는데 바닷물 정도의 짠 맛을 생각하면 돼. 찍어 먹어 보고 나서 "아, 짜." 소리가 저절로 나오면 대강 농도가 맞는 거야.

이제 배추의 잘린 면이 위로 향하도록 큰 플라스틱 통에 배추를 차곡차곡 쌓아 줘. 플라스틱 통이 없으면 김장 봉투 두 장을 겹쳐서 그 안에 배추를 쌓아도 돼. 그리고 간수를 부어. 플라스틱 통을 사용할 때는 간수를 부은 뒤에 무거운 것으로 눌러 주고, 김장 봉투를 사용할 때는 최대한 야무지게 조여서 노끈으로 입구를 단단히 묶어 주면 돼.

하룻밤 동안 배추가 다 절여지면 다음은 김장 김치의 소를 만들어서 버무릴 차례야. 우와, 재료 준비가 생각보다 훨씬 빨리 끝났네. 너희들 정말 굉장하구나. 이제는 칼질도 잘하고, 아주 선수들이네.

이제 준비된 재료들을 김장 매트에 차례차례 붓고 잘 버무리자. 어때, 김칫소 버무리는 것도 힘들지? 음식 하나 먹는다는 게 이렇게 힘든 일이야. 우리 조상님들은 음식을 버리면 천벌을 받는다고 믿었어. 요즘 사람들은 음식을 남기고 버리는 걸 너무 쉽게 생각하는데, 그건 음식 하나가 식탁에 오르기까지 얼마나 많은 수고로움이 깃들어 있는지 모르기 때문에 그러는 거야.

자, 이제 깨끗이 씻어서 물기를 빼 놓은 배추를 김장 매트 가운데 쌓자. 그럼 이제부터 버무리기 시작! 참, 김칫소 바르면서 수육에 싸 먹게 배춧속을 몇 잎씩 떼어 내서 따로 모으자.

자, 다 끝났다. 어때, 너희들이 직접 농사지어서 담근 김치가 김치 통에 그득 담겨 있으니까 엄청 뿌듯하고 든든하지?

너희들이 김장을 하다니 기적 같지 않니? 사실 기적은 별 게 아니야. 우리의 일상 속에 늘 존재하는 거야. 어떤 생각을 하고, 어떤 선택을 하느냐에 따라서 우리는 누구나 기적의 주인공이 될 수 있어. 그 일상의 기적을 맛볼 수 있는 가장 좋은 공간이 바로 텃밭이야. 아직은 많은 사람들이 알지 못하지만 다섯 평 혹은 열 평의 기적이란 말이 있을 정도야. 작은 텃밭 하나가 우리의 삶에 놀라운 변화를 일으키거든.

작은 씨앗에서 시작된 변화

너희들 가운데 혹시 읽은 사람이 있는지 모르겠는데 폴 플라이쉬만이라는 미국 작가가 쓴 《작은 씨앗을 심는 사람들》이라는 소설이 그런 기적같은 변화를 아주 감동적으로 그려냈어.

이 소설은 할렘에 있는 아주 불행한 빈민가 공터에서 시작돼. 그 공터는 마을 사람 모두가 쓰레기를 버리는 일종의 거대한 쓰레기장이야. 그리고 그 마을에 사는 사람들은 서로 이름도 모른 채 아주 비참한 삶을 살고 있어. 그런데 아홉 살 베트남 소녀 킴이 강낭콩 씨앗 한 알을 심자 소녀를 따라 마을 사람들도 하나둘 쓰레기를 치우고 쓰레기장에서 농사를 짓기 시작했고, 그들은 새로운 삶을 살게 돼. 아홉 살 소녀가 심은 씨앗 한 알이 이웃의 벽을 허물고, 불행하기만 했던 삶을 행복으로 이끌어 마침내 커다란 마을 축제로 결실을 맺는 기적을 일군 거지.

난 올 한 해 너희들이 텃밭에서 보낸 시간들이 이 이야기와 다르지 않다고 생각해. 나는 너희들 마음속에선 이미 많은 변화가 시작되었다고 믿어. 그리고 그게 청소년 농부 학교를 시작하게 된 이유야. 그러니까 이제부터는 어디에서 무엇을 하며 살든지 우리 모두가 자연의 일부라는 사실을 절대로 잊지 말고, 너희들 한 사람 한 사람이 그 자체로 기적이라는 사실을 믿었으면 좋겠다.

이야기가 길어졌네. 아까부터 너희들이 김장 김치를 기부하기로 한 지역 아동 센터 선생님들이 고맙다며 수육을 삶아 놓고 기다리고 있는데 까딱하다가는 고기가 다 식겠다.

그럼 김치 통 들고 출발해 볼까?

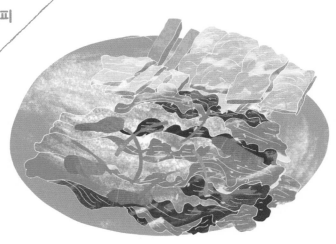

텃밭
레시피
12

김장 김치

재료 배추 20포기, 무 8개, 쪽파 1단(1kg), 홍갓 1단(1kg), 마늘 600g, 생강 10개, 양파 10개, 사과 6개, 멸치 다시마 육수 6컵 반, 찹쌀 풀, 새우젓 2컵, 액젓(까나리나 멸치) 6컵 반, 고춧가루 1.5kg

1 배추 절이기

① 배추의 시든 부분을 떼어 낸 후 반으로 자르고 꼭지 부분에 칼집을 낸다.

② 소금과 물의 비율을 1 : 10 정도로 맞춰서 소금물을 만든다.

③ 배추 양에 따라 준비한 큰 플라스틱 통 안에 김장 비닐을 넣고 배추를 층층이 쌓으면서 소금물을 붓는다. 이때 배추의 잘린 면이 위를 향하도록 한다.

④ 소금물이 배추 양의 80% 정도 차도록 부은 뒤 무거운 것으로 눌러 준다. 그러면 점차 숨이 죽으면서 맨 위 칸에 있는 배추까지 제대로 절여진다.

⑤ 약 12시간 정도 지난 후 꺼내서 3번 정도 헹구고 건져 낸다. 건져 낸 배추는 약 1시간 정도 물기를 빼 준다. 둥근 소쿠리에 밑동이 위를 향하도록 비스듬히 기대어 놓아야 물이 잘 빠진다.

2 김칫소(양념) 만들기

① 냄비에 물을 채워 다시마와 멸치 두 주먹을 넣고 끓인다. 육수가 연한 갈색이 될 정도로 충분히 우러났을 때 다시마와 멸치를 건져 내고 식힌다.

② 종이컵으로 물 10컵에 찹쌀가루 1컵을 잘 섞어서 약불에서 뭉치지 않도록 계속 저어 준다. 되직하지 않은 농도의 찹쌀 풀이 완성되면 불을 끄고 식힌다.

③ 깨끗이 씻은 쪽파와 갓은 1~2cm 정도의 폭으로 썬다.

④ 마늘, 생강, 양파, 사과는 적당한 크기로 썬 후 믹서에 곱게 간다.

⑤ 무 3개는 채칼로 채를 썰고 나머지 5개는 먹기 좋은 크기로 썰어 놓는다.

⑥ 넓은 플라스틱 통이나 스테인리스 통에 ①, ②, ③, ④를 분량대로 넣는다.

⑦ ⑥에 고춧가루, 새우젓, 액젓을 넣고 골고루 섞이도록 버무린다.

⑧ 무채를 양념에 넣고 버무린다. 버무린 뒤 30분 정도라도 숙성을 시키면 양념 맛이 더욱 깊어진다.

3 배추 속 채우기

① 배추의 잘린 면이 위를 향하게 한 상태에서 아래 잎부터 들춰 가며 속을 채우되, 채우는 속의 양이 과하지 않도록 한다.

② 밑동 쪽 작은 잎 사이에도 속을 채운다.

③ 배추김치 사이사이에 먹기 좋게 잘라 놓은 무를 켜켜이 넣어 준다. 이렇게 넣어 둔 무를 섞박지라고 한다.

④ 속을 다 채운 배추는 끝을 오므린 뒤 겉잎 두 장으로 감싸서 김치 통에 차곡차곡 넣는다. 김치를 다 채웠으면 공기와 접촉되는 것을 막기 위해 김치 위에 비닐을 한 장 덮어 주는 게 좋다. 뚜껑을 닫고 상온에 하루나 이틀 정도 숙성을 시킨 다음 냉장고에 넣는다.

❀ 양념은 되도록 충분히 만들어 두는 것이 좋다. 배추김치를 담고 남은 양념을 총각무나 깍두기, 갓, 쪽파와 버무리면 어떤 김치라도 만들 수 있다.

삶의 갈무리,
음양오행

음양, 내 안에 너 있다

다들 수육 맛있게 먹었지? 이제 정말 마지막 만남이네. 그동안 너희들과 지난 시간을 되돌아보니 참 아름다웠어. 처음에는 아무것도 모르고 투덜대던 너희들이 이제는 의젓한 농부의 모습을 하고 있잖아. 직접 김장을 담아서 이웃에게 나누는 모습이 너희들이 봐도 자랑스럽지 않니? 올해는 이것으로 너희들과 이별이지만, 내년에는 더욱 성숙한 모습으로 다시 만나기를 기대할게.

정말 마지막 수업이니까 오늘은 음양오행 이야기를 해 줄게. 원래 처음에 하려고 했는데, 아무래도 마지막에 하는 것이 훨씬 더 나을 것 같아서 이제껏 참고 있었어.

우리가 농사를 지으면서 24절기를 배웠잖아. 철부지라는 말에 관해 이야기했던 것 기억나니? 우리 조상님들은 절기를 알고, 제때 맞는 일을 하는 것을 중요하게 여겼다고 했지. 그래, 기억하고 있구나. 그런데 동양 사람들이 삶을 이해하고 살아가는 데 큰 도움을 준 건 24절기뿐만이 아니었어.

이 그림을 한 번 볼래? 음양을 그린 건데, 검은 것이 음이고, 하얀 것이 양이야. 그림을 보면 검정 속에 하얀 원이 있고, 하양 속에 검은 원이 있네. 음 속에 양이 있고, 양 속에 음이 있는 거지. 내 안에 네가 있고, 네 안에 내가 있다는 말이야. 이처럼 동양 사람들은 하나의 사물 속에 음과 양이 조화를 이루고 있다고 생각했어. 그리고 음이 변하여 양이 되고, 양이 변하여 음이 된다는 변화의 원리로 세상을 이해했지.

오행, 사물의 변화

이 음양에서 오행이 나오는데, 조상님들은 나무木, 불火, 쇠
金, 물水, 흙土 등 다섯 가지 기운으로 우주 만물의 변화를 이해
했어. 계절로 말하면, 봄은 나무, 여름은 불, 가을은 쇠, 겨울은
물이고, 흙은 각각의 환절기를 뜻해. 자연을 잘 관찰해 보자.
봄이 되면 나무가 무럭무럭 자라다가 여름이 되면 뜨거운 열
기와 더불어 가장 왕성한 생명력을 자랑해. 그리고 가을이 되
면 그 기운들이 쇠처럼 옹골차게 모여서 열매와 씨앗을 맺고,
겨울이 되면 물처럼 모든 것을 저장하면서 인내하다가 봄이
되면 얼음이 녹듯이 다시 새로운 생명 활동을 시작하잖아.

비단 계절만을 이야기하는 것이 아니라 인생도 마찬가지
야. 청소년기에는 나무처럼 양분을 받아들이며 무럭무럭 성
장하다가 청년기가 되면 자신의 생명을 활짝 꽃피우잖아. 가
장 아름다운 청춘의 시기지. 그러다가 중년이 되면 인생의 열
매를 하나둘씩 거둬들이면서 성숙한 삶을 살다가, 노년이 되
면 자신의 삶을 되돌아보면서 다음 세대에게 물려줄 유산들
을 하나둘 정리하게 되지. 아름다운 황혼의 시기야.

농사를 지으면서 늘 관찰하지만, 우리가 심어 놓은 작물도
마찬가지야. 처음에는 여린 가지로 태어나서 왕성하게 자라
다가 꽃을 피우고, 열매를 맺고, 소멸하지. 하지만 작물이 남

긴 씨앗이 다음 해에 다시 싹을 틔울 테니 그 소멸이 끝은 아니야. 작물의 생애와 인간의 생애는 크게 보면 같은 원리인 거야.

그런데 이 계절의 변화, 인생의 변화, 생명의 변화에서 중요한 역할을 하는 것은 바로 흙이야. 흙이 없다면 꽃도 열매도 없어. 흙은 변하지 않는 것 같지만 이 모든 활동을 품에 안고 그 자리에서 넉넉히 키워 내는 역할을 하는 셈이지. 농부가 흙을 사랑하고 잘 보살피는 이유는 바로 이 때문이야. 그리고 우리가 밭에 씨를 뿌리거나 작물을 심고 나서 두둑을 밟지 않는 것도 두둑이 생명을 잉태하고 있다고 여기기 때문이지.

청춘, 그 아름다운 시기

음양오행의 원리를 잘 이해한다면, 우리의 삶도 잘 가꾸고 갈무리도 잘할 수 있어. 오행에 따르면 너희들의 시기는 그야말로 봄이며 성장이고, 가장 변화무쌍한 시기지. 봄은 색깔로 치면 푸른색이야. 그래서 탄생한 말이 봄처럼 푸르디푸른 시절, 바로 청춘靑春이야. 너희의 세대를 청소년이라 부르는 것도 다 같은 이유에서야. 방위로 치면 여러분은 해가 뜨는 동쪽이야. 모든 희망이 탄생하는 장소지.

동녘에 떠오르는 해처럼 밝게 빛나고, 갓 태어난 풀들처럼 여리지만 강인하고, 모든 가능성과 희망을 안고 있는 여러분을 만났던 한 해가 이제 저물어 가네. 너희를 만난 것은 참으로 영광스러운 일이었어. 부디 잘 자라서 아름다운 꽃을 피우고, 달콤한 열매를 맺고, 근사한 미래를 후손에게 선물하는 멋진 인생을 살았으면 좋겠다. 찬란한 젊음을 한껏 누리고 즐기면서 자유롭게 미래를 그려 가는 농부가 되길 기대할게.

자, 우리 모두를 위해 큰 박수를 치자. 우리를 위해서 잘 자라 준 작물에게도, 모든 생명을 잘 보듬고 키워 준 텃밭에게도 박수를 보내자. 정말 수고했고, 정말 고마워.

그럼 안녕!

청소년

농부들의

좌충우돌

사계절

텃밭 나기

초보 농부들, 텃밭과 처음 만나다

자,
다들 자리에 앉아 보자.
수업 시작해야지.

봄

여기가 교실이래.

헐.
그럼 우리 비닐하우스에서
공부하는 거야?

비닐하우스
아니야······.

그럼 농사는
어디서 지어?

당연히 농사는 헛밭에서 지어야지. 여기가 1년 동안 함께할 헛밭이야.

휴, 이걸 언제 다 하지?

쇠갈퀴는 다들 알지? 이걸로 흙을 평평하게 만들면 돼.

봄

생각보다 쉬운데? 이참에 장래 희망을 바꿔 볼까?

나는 누구? 여긴 어디?

여름 농사를 경험하는 초보 농부들

저번에 왔을 때랑은
풍경이 많이 다르지?
각자 자기 텃밭에
가서 작물들이
잘 자라고 있는지
확인해 보자.

이 여름에
농사라니!

눈에서
땀이 흐른다,
하하.

그건 잘 모르겠고,
그냥 너무 덥다.

우리 텃밭에 있는
작물이 가장 잘
자란 것 같은데
기분 탓이겠지?

청소년 농부들이 가을 텃밭을 즐기는 방법

호미도 씻어 두고
쉬는 처서니까
쉬엄쉬엄 했으면 좋겠다.

쉬엄쉬엄은 무슨!

오늘은 이렇게
텃밭을 정리하고
김장 농사를
준비해야 해.

가
을

왜 자꾸
따라오시지?

가을

고구마도 풍년인데
오늘은 가을 텃밭을
좀 즐겨 볼까?

가을바람을 맞으면서
시도 쓰고,

내가 살고 싶은
마을도 그려 보는 거지.

매일매일
이랬으면 좋겠다.
(제발)

가을

겨울나기 김장 & 함께 떠난 탐조 활동

들었어?
오늘은 우리가
김장을 한대.

어때? 재료만
다듬는데도
은근히 손이
많이 가지?

쉬지 말고 움직여.
배추도 절여야
한단 말이야.

겨울

이제 다 됐다.
양념만 버무리면
겨울나기 김장 완성!

인용 작품 출처

누리집

37면, 174면, 191면 – 한국콘텐츠진흥원 문화콘텐츠닷컴 누리집
189면 – 국제퇴계학회 누리집

단행본

79면 –《삶과 문명의 눈부신 비전 열하일기》(고미숙, 작은길, 2012)
194면 –《하루하루가 잔치로세: 우리 문화와 세시 풍속으로 알아보는 365일》(김영조, 인물과
사상사, 2011)

청소년 농부 학교
나를 찾아 떠나는 텃밭 여행

초판 1쇄 발행 • 2018년 3월 19일
초판 4쇄 발행 • 2021년 6월 8일

지은이 • 김한수 김경윤 정화진
펴낸이 • 강일우
편집 • 소인정 이현율
펴낸 곳 • (주)창비교육
등록 • 2014년 6월 20일 제2014-000183호
주소 • 04004 서울특별시 마포구 월드컵로12길 7
전화 • 1833-7247
팩스 • 영업 070-4838-4938 / 편집 02-6949-0953
홈페이지 • www.changbiedu.com
전자우편 • textbook@changbi.com

ⓒ 김한수 김경윤 정화진 2018
ISBN 979-11-86367-90-2 43520